“十四五”职业教育国家规划教材

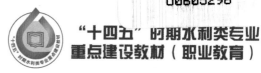

“十四五”时期水利类专业重点建设教材（职业教育）

行水云课数字教材

高等职业教育
水利类新形态一体化教材

水安全概论

（第二版）

主　编　周柏林

副主编　刘力奂　耿胜慧　邓　飞　李　娟
　　　　向志军　邹　颖　李国会　罗恩华

中国水利水电出版社
www.waterpub.com.cn
·北京·

内 容 提 要

  本书在认识水及水安全概念的基础上，对水安全的构成和水安全保障体系进行了详细的阐述，并对水安全的发展趋势作了展望。主要内容包括：认识水安全、水旱灾害防御安全、水资源安全、水生态安全、水环境安全、水工程安全、水利信息安全、水安全展望。

  本书可供从事水生态安全与修复、流域水资源规划与管理、环境与安全等工作以及相关领域的研究人员参考，也可供大中专院校作为通识课教材使用。

图书在版编目（CIP）数据

  水安全概论 / 周柏林主编. -- 2版. -- 北京：中
国水利水电出版社，2024.6
  "十四五"职业教育国家规划教材 "十四五"时期
水利类专业重点建设教材. 职业教育 高等职业教育水利
类新形态一体化教材
  ISBN 978-7-5226-1729-9

  Ⅰ. ①水… Ⅱ. ①周… Ⅲ. ①水资源管理－安全管理
－高等职业教育－教材 Ⅳ. ①TV213.4

  中国国家版本馆CIP数据核字(2023)第144167号

书　　名	"十四五"职业教育国家规划教材 "十四五"时期水利类专业重点建设教材（职业教育） 高等职业教育水利类新形态一体化教材 **水安全概论（第二版）** SHUI'ANQUAN GAILUN 主　编　周柏林
作　　者	副主编　刘力奂　耿胜慧　邓　飞　李　娟　向志军　邹　颖 　　　　李国会　罗恩华
出版发行	中国水利水电出版社 （北京市海淀区玉渊潭南路 1 号 D 座　100038） 网址：www.waterpub.com.cn E-mail：sales@mwr.gov.cn 电话：（010）68545888（营销中心）
经　　售	北京科水图书销售有限公司 电话：（010）68545874、63202643 全国各地新华书店和相关出版物销售网点
排　　版	中国水利水电出版社微机排版中心
印　　刷	天津嘉恒印务有限公司
规　　格	184mm×260mm　16 开本　13.25 印张　245 千字
版　　次	2021 年 11 月第 1 版第 1 次印刷 2024 年 6 月第 2 版　2024 年 6 月第 1 次印刷
印　　数	0001—5000 册
定　　价	**55.00 元**

序

　　水是生命之源、生态之基、生产之要。随着现代社会人口增长、工农业生产活动和城市化急剧发展，水污染、需水量迅速增加以及不合理利用，我国缺水问题日益严峻。同时，气候变化使水旱灾害日益频繁，严重影响了社会经济发展，威胁着人类的福祉。自古以来，治水便是立国之本，治水的好坏直接关系到国家的兴衰。中华民族几千年的历史，从某种意义上说就是一部治水史，治水实践孕育和创造了光辉灿烂的中华古代文明。

　　水安全是中华民族永续发展的重要基础，我国是世界主要经济体中水安全形势最复杂、最严峻的国家，历来受到党中央、国务院及全社会的高度关注。党的十八大以来，以习近平同志为核心的党中央从国家长治久安和中华民族永续发展的战略全局高度擘画治水工作，习近平总书记明确提出"节水优先、空间均衡、系统治理、两手发力"治水思路，就保障国家水安全、推动长江经济带发展、黄河流域生态保护和高质量发展等发表了一系列重要讲话，作出了一系列重要指示批示，为我们做好水利工作提供了科学指南和根本遵循。

　　身在新时代，立足新阶段，水利工作者必须心怀"国之大者"，深刻认识水安全关系人民生命安全，关系粮食安全、经济安全、社会安全、生态安全和国家安全的重要意义。坚持以人民为中心的发展思想，准确把握人民群众对水的需求已从"有没有"转向了"好不好"，坚定做好节约用水工作，提升水资源供给质量、防洪抗旱标准、饮用水保障和河湖生态质量，让人民群众有更多、更直接、更实在的获得感、幸福感、安全感。高校承担着为党育人为国育才的使命职责，各类高校尤其是水利类院校在人才培养过程中，全面深入推进水安全教育教学，引导广大师生牢固树立水安全观，意义重大、影响深远。

　　让人欣喜的是，湖南水利水电职业技术学院紧跟时代节拍，紧贴形势需求，率先编写而成《水安全概论》教材，并以此为基础在师生中开展教育教学探索尝试，收到较好效果。《水安全概论》教材从水安全概念及其特征出发，紧密结合我国水安全实际，系统阐述了水安全的构成与保障体系，并对未来水安全作了展望，全书结构简洁紧凑，融系统性、趣味性、可读性、科学性于一体，既可作为大专院校师生教材，也可为公众普及读物，对深入开展水安全教育将发挥积极而重要的作用。湖南水利水电职业技术学院在水安全教育上的主动作为，生动诠释了"实事求是、经世济用""敢为天下先"的湖湘精神。

解决中国水安全问题，任重道远，使命光荣。愿与青年学子一起，为祖国的山清水秀、江河安澜而共同努力！

是为序。

2021 年 11 月 20 日

第二版前言

　　兴水利，除水害，古今中外都是治国大事。水安全是涉及国家长治久安的大事，我们必须站在贯彻总体国家安全观的全局高度认识水安全。党的二十大为我们擘画了"全面建成社会主义现代化强国、实现第二个百年奋斗目标，以中国式现代化全面推进中华民族伟大复兴"的宏伟蓝图；提出了"中国式现代化是人与自然和谐共生的现代化"的重要论断；按照必须牢固树立和践行"绿水青山就是金山银山"的理念，坚持山水林田湖草沙一体化保护和系统治理要求，部署了"统筹水资源、水环境、水生态治理，推动重要江河湖库生态保护治理，基本消除城市黑臭水体""推行草原森林河流湖泊湿地休养生息，实施好长江十年禁渔"等治水重大任务；要求坚定不移贯彻总体国家安全观，健全国家安全体系，强化重大基础设施、资源等安全体系建设。人水和谐关系是人与自然和谐共生的重要基础，不仅关系到国家安全、粮食安全、经济安全、生态安全，也关系到中国式现代化的成功实现。随着我国经济社会不断发展，水安全新老问题相互交织，给我国治水赋予了全新内涵，提出了崭新课题。增强水忧患意识、水危机意识，事关社会主义现代化强国建设，事关实现中华民族伟大复兴中国梦。在学校深入开展水安全教育，在全社会不断推进水安全宣传，引导师生和公众牢固树立水安全观，对于全面贯彻落实党的二十大精神，推进中国式现代化建设和中华民族伟大复兴具有重大意义。

　　本教材以习近平新时代中国特色社会主义思想为指引，贯彻生态文明理念，落实立德树人根本任务，紧紧围绕"水安全"主题，认真回答了"水安全是什么"、围绕保障水安全"干什么""如何干"等主要问题。本教材对知识结构进行了重新梳理和调整，按照水安全的属性分类组织教材结构。全书分为八章。第一章是认识水安全，对水安全概念的形成进行了分析并作出了界定，归纳了水安全的整体性、综合性、关联性和长期性等特性，并对水安全的现实意义与战略地位进行了分析。第二章至第七章，分别为水旱灾害防御安全、水资源安全、水生态安全、水环境安全、水工程安全和水利信息安全，每个章节按照知识、问题、保障措施、案例分析组织内容。第八章是水安全展望，展望了形成水安全共识、水安全实践将护航中国式现代化、水安全技术创新、水安全风险防控等方面的内容。

本教材由湖南水利水电职业技术学院组织编写，由周柏林担任主编，对本教材进行总体系统性设计，编制编写大纲，对全书进行统稿并修改完善。刘力奂、耿胜慧、邓飞、李娟担任副主编。其中，第一章由邓飞、李娟、罗恩华编写；第二至第五章由刘力奂、耿胜慧、周柏林编写；第六章由李国会、刘力奂编写，第七章由李付亮、向志军编写，第八章由邹颖、邓飞编写。

本教材紧跟水利行业发展新动态，其内容由校内教师与校外行业专家协商确定，融汇了丰富的实际案例、新技术和新标准。承蒙中国工程院院士胡春宏为本教材作序，中国水利水电科学研究院副院长王建华正高级工程师对本教材第二版进行了审稿。编写过程中，湖南省水利厅给予了专业方面的支持，原厅长颜学毛给予悉心指导，湖南省水利水电勘测设计规划研究总院有限公司总规划师、正高级工程师杨家亮等多位专家给予了建议。编写人员参考了大量国内外相关著作、报刊、网站的有关资料，在此一并表示衷心的感谢。

本教材已在学银在线平台建有"水安全概论"在线开放课程，包括微课视频、案例、习题、PPT等丰富的数字化资源，可供学习者免费使用。

本教材既可作为高等学校水安全课程教材、水利行业企事业单位及社会相关从业人员学习水安全的培训指导用书和参考用书，又可作为水安全科普读物。

由于编写人员水平有限，书中不当之处在所难免，敬请专家和读者批评指正。

编者
2024 年 5 月

第一版前言

　　兴水利除水害，古今中外都是治国大事。随着我国经济社会不断发展，水安全新老问题相互交织，给我国治水赋予了全新内涵，提出了崭新课题。增强水忧患意识、水危机意识，事关社会主义现代化强国建设，事关实现中华民族伟大复兴中国梦。《大中小学国家安全教育指导纲要》对大中小学组织实施国家安全教育作出了统一部署，水安全属于生态安全范畴，是国家总体安全的一部分，在学校深入开展水安全教育，在全社会不断推进水安全宣传，引导师生和公众牢固树立水安全观，对于全面践行总体国家安全观意义重大。

　　本书以习近平新时代中国特色社会主义思想为指引，贯彻生态文明理念，落实立德树人根本任务，紧紧围绕"水安全"主题，认真回答了"水安全是什么""水安全为什么""水安全干什么"等主要问题。全书分为5章，第1章是绪论，主要介绍水的自然属性、社会属性和文化属性及与生产生活生态息息相关的江河、湖泊、海洋等；第2章是水安全概念及其特性，对水安全概念的形成进行了分析并作出了界定，提出了水安全整体性、综合性、关联性和长期性等特性；第3章是水安全的构成，分析提出了水旱防御安全、城乡用水保障安全、水生态安全、水环境安全、水工程安全、水管理安全等水安全构成要素；第4章是水安全保障体系，对节水保障体系、防洪安全保障体系、统筹优化水资源配置、河湖水生态健康保障体系、水管理保障体系等水安全战略组成体系进行了介绍；第5章是水安全展望，介绍了水安全监管、水安全生态建设、智慧水安全和水安全治理技术等内容。

　　本书由湖南水利水电职业技术学院组织编写，周柏林、李付亮担任主编，刘力奂、耿胜慧、邓飞、李娟担任副主编。其中，第1章由邓飞、罗恩华编写；第2章由邓飞、李娟编写；第3章由刘力奂、向志军编写；第4章由耿胜慧编写；第5章由邹颖编写。

承蒙中国工程院院士、中国水利水电科学研究院副院长胡春宏为本书作序。编写过程中，湖南省水利厅党组书记、厅长颜学毛给予悉心指导。杨家亮等多位专家给予了建议，编写人员参考并借鉴了国内外相关著作、报刊、网站的有关资料，引用了许多研究成果，在此一并表示衷心的感谢。

本书已在学银在线平台建有"水安全概论"在线开放课程，包括电子教案、PPT、视频、案例、习题等丰富的数字化资源，可供学习者免费使用。

本书既可作为高等学校水安全课程教材，也可作为水安全科普读物。

由于编写人员水平有限，书中不当之处在所难免，敬请专家和读者指正。

编者

2021 年 10 月

"行水云课"数字教材使用说明

"行水云课"水利职业教育服务平台是中国水利水电出版社立足水电、整合行业优质资源全力打造的"内容"＋"平台"的一体化数字教学产品。平台包含高等教育、职业教育、职工教育、专题培训、行水讲堂五大版块，旨在提供一套与传统教学紧密衔接、可扩展、智能化的学习教育解决方案。

本套教材是整合传统纸质教材内容和富媒体数字资源的新型教材，它将大量图片、音频、视频、3D动画等教学素材与纸质教材内容相结合，用以辅助教学。读者可通过扫描纸质教材二维码查看与纸质内容相对应的知识点多媒体资源，完整数字教材及其配套数字资源可通过移动终端APP、"行水云课"微信公众号或中国水利水电出版社"行水云课"平台查看。

内页二维码具体标识如下：

· ▶为知识点视频

· Ⓣ为试题

· ◉为课件

线上教学与配套数字资源获取途径：

手机端：关注"行水云课"公众号→搜索"图书名"→封底激活码激活→学习或下载 PC端：登录"xingshuiyun.com"→搜索"图书名"→封底激活码激活→学习或下载。

多媒体知识点索引

目录

第一章
认识水安全

地球表面 70％都是水，水是地球生命之源，也是组成世界万物最为重要的物质。水，每天都和我们形影相随，无时无刻不在润育着生命，滋养着文明。但是，随着我国经济社会不断发展，新老水问题相互交织，水安全已成为新时代国家安全发展的重要议题。2014 年，中央财经领导小组第五次会议指出："我国水安全已全面亮起红灯，高分贝的警讯已经发出，部分区域已出现水危机。河川之危、水源之危是生存环境之危、民族存续之危。水已经成为我国严重短缺的产品，成了制约环境质量的主要因素，成了经济社会发展面临的严重安全问题。"水安全是治国大事，是根本性、全局性、长远性问题，关系民族存续，关乎国家安全。

第一节　水安全界定

2000 年 3 月，在荷兰海牙召开的第二届世界水论坛及世界部长级会议上发表了"21 世纪水安全"宣言，从"四个确保"角度对水安全进行了明确，即确保淡水、海岸和相关的生态系统得到保护和改善，确保可持续发展和政治稳定得到加强，确保人人都能够以可承受的开支获得足够安全的淡水，确保能够避免遭受与水有关的灾难的侵袭。2000 年 8 月，第十届斯德哥尔摩国际水问题研讨会围绕"21 世纪水安全"进行了研讨。此后水安全成为一种世界共识，各国学者纷纷从不同视角对水安全进行了探讨和研究，形成了多样的概念界定。从国外相关研究和对水安全的界定来看，水安全的价值体现在政治稳定、经济发展、社会和谐、生态良好等不同维度，为我们进一步认识水安全提供重要的参考依据。

1-1　
何为水安全

一、水资源视角下的水安全

贾绍凤等（2002）认为，水安全是指水资源供给能够满足合理的水资源需求。如果一个区域的水资源供给能够满足其经济社会长远发展的合理要求，那么这个区域的水资源就是安全的，否则就是不安全的。韩宇平等（2003）认为水安全可理解为：由于自然的水文循环波动对水循环平衡的不合理改变，使得人类赖以生存的区域水状况发生对人类不利的演进，对人类社会的各个方面产生不利的影响，表现为干旱、洪涝、水量短缺、水质污染等方面。郭永龙（2004）认为自然性水安全问题主要与干旱、洪涝和河流改道有关。彭建等（2016）认为可将水安全定义为区域水资源在特定水质条件下保障自然生态系统及人类社会经济系统正常运行的生产、生活和生态用水需求，并确保水灾害风险最小化的一种可持续状态。综合上述研究成果，水资源视角下的水安全强调在满足经济社会发展对水资源的合理需求的同时，实现水资源的可持续利用。

二、人类行为视角下的水安全

韩宇平等（2003）认为人类行为不当，尤其是人类对水环境的破坏或者有人类行为引起的水循环平衡的不合理改变也是水安全的具体表现。郭永龙（2004）等学者将由人为活动造成的水安全问题，如健康安全、粮食安全、生态环境安全、经济安全、国家安全等视为人为性水安全问题。成建国、杨小柳、魏传江等（2004）认为水安全是指人人都有获得安全用水的设施和经济条件，所获得的水满足清洁和健康的要求，满足生活和生产的需要，同时可使自然环境得到妥善保护的一种社会状态。水安全是涉及从家庭到全社会的水问题，涉及水资源统一管理及自然资源的保护和利用。水安全与健康、教育、能源、粮食安全等具有同等重要的意义，提高水安全水平是使人类摆脱贫困、保持社会安定、提高社会生产力的关键手段，是实现经济社会可持续发展的重要环节。人类行为视角下的水安全强调人的行为与水安全之间的关系，聚焦人水和谐，突出水资源对人类生存、发展的重要性。

拓展阅读　　　　　　　　　　　**楼兰古城衰败于干旱、缺水**

楼兰古城位于塔里木盆地东部，曾是我国古代通往西方文化"丝绸之路"的要道。然而，公元4世纪后，楼兰古城神秘消失，只剩下一片废墟和满目疮痍。那么究竟是什么导致了楼兰古城的灭亡呢？我国虞明英在参考了大量古籍的基础上，撰写了《从人与自然的关系探索楼兰古城消失之谜》一文，为我们揭示了楼兰古城消失的部分端倪，其中一个因素就是河道的变化导致了楼兰古城的没落。西汉时期，楼兰古城是玉门关丝绸之路上的重镇，肩负着"运水运粮，送迎汉使"的重任，随着社会的发展和人们改造自然能力的提高，水资源的利用范围也越来越大，楼兰古城因屯垦开荒、盲目灌溉，导致孔雀河改道而衰落，随着楼兰古城水源枯竭、树木枯死，城中居民弃城而逃，寻找新的水源，曾经繁华的楼兰古城逐渐消失。

三、非传统安全视角下的水安全

陈绍金（2004）认为水安全的概念可表述为一个地区（或国家）涉水灾害的可承受水平和水的可持续利用能确保社会、经济、生态的可持续发展，并认为"涉水灾害的可承受"指在一定的社会经济发展阶段、科学技术和财力允许的情况下，将超标准涉水灾害控制在不损害一个国家或地区社会经济继续发展的程度之内，"水的可持续利用"指一个国家或地区实际拥有的水能够保障该国家或该地区社会经济、生态当前以及可持续发展的需要。畅明琦等（2006）认为水（资源）安全是指人类的生存与发展不存在水资源问题的危险和威胁的状态。它包括三方面的内容：国家的主权不因水资源的问题而受到严重威胁，国家利益不因全球化而带来的水资源问题受到严重损失，国家的发展不因水资源问题而受到威胁。夏军等（2019）认为水安全涉及资源和环境安全，成为制约世界社会经济发展、生态环境建设以及区域和平的重要因素，应该上升到人类发展和国家安全的高度，纳入非传统安全范畴。何大明等（2014）将水安全与国家战略结合起来，提出了掌控跨境水安全主动权，保障国家水权益的建议。2012年，水利部对国家水安全战略问题进行了研究，认为"国家水安全是指国家生存和发展没有或很少受到水问题威胁的状态"。非传统安全视角下的水安全更侧重国家或地区的发展，保障水安全就是确保国家安全，就是要保障国家水资源承载能力，努力使国家发展不产生涉水的危险和危害。

拓展阅读　　　　　　　"水源争夺"引发的战争

从国家安全角度来看，水是一种不可或缺的战略资源，它既可以是不同国家、地区之间合作的催化剂，又可以成为矛盾与摩擦、战争与冲突的导火索。在世界上很多国家和地区，水的问题被看作是关系国家安全的重要问题，尤其对于普遍缺水的中东国家来说，水的重要性更是不亚于石油。流经黎巴嫩、叙利亚、约旦、以色列和巴勒斯坦的约旦河就曾是各方势力激烈争夺的目标。全世界有许多地区因水而引发冲突，其中最典型的是中东战争。

中东地区的约旦河、加利利湖、利塔尼河几乎占到巴勒斯坦地区水资源的全部，而且也是周围约旦、叙利亚、黎巴嫩的水源。以色列通过 5 次中东战争，占有了巴勒斯坦地区 80％以上的水资源，而使得周边国家水资源严重短缺。

四、系统思维视角下的水安全

在 21 世纪初，我国发布了《中国可持续发展水资源战略研究报告集》，内容涉及水资源评价和供需平衡分析、防洪减灾对策、农业用水与节水高效农业建设、城市水资源保护利用和水污染防治、生态环境建设与水资源保护利用、北方地区水资源配置和南水北调、西部地区水资源开发利用等，提出要综合性、系统性地关注水安全。饶正凯（2013）介绍了国外学者诺曼对水安全的研究，并对当前主流的水安全概念界定进行了归纳总结，认为大多数水安全定义主要包含五个方面的要素，即水资源安全、生态健康、人类健康、水基础设施安全、水治理。王浩等（2019）则从系统工程的角度来看水安全，指出水安全代表着人文系统与水系统间的良性互动以达到一种和谐平衡的状态，即水量和水质能够满足人类社会和生态环境的用水需求，供水和防洪安全可以得到保障，水循环系统得以健康运行。

拓展阅读 　　　　　　　**都江堰——可持续水利工程的典范**

约公元前 100 年，汉王朝太史公司马迁受命撰写史书，行遍大江南北，当他驻足于水流迅疾的岷江之畔、离堆之上，一座工程深深地震撼了他。在《史记·河渠书》里，他为后世留下了关于都江堰最早的记载："于蜀，冰凿离堆，辟沫水之害。"

如今，都江堰这座工程已经 2280 岁了。它早已与岷江融为一体，湍急的江水被其"驯服"，化作大大小小的河流，润泽成都平原广袤沃土，灌溉面积超过 1000 万亩。

作为世界上现存最古老、规模最大、维护最完整的灌溉工程之一，2000 年 1 月，都江堰被联合国教科文组织列入世界文化遗产。这个唯一以水利为主题的世界文化遗产以它悠久的历史、独有的科学文化价值被永久保留和尊重。

无坝引水工程的经典

都江堰位于四川省成都市，据传由战国时期秦国蜀郡郡守李冰及其子于公元前 256 年主持始建。

整个都江堰枢纽可分为渠首和灌溉水网两大系统，其中渠首包括分水工程

"鱼嘴"、溢洪排沙工程"飞沙堰"、引水工程"宝瓶口"三大主体工程。

"鱼嘴"因其形如鱼嘴而得名。它位于江心，把岷江分成内外二江。外江在西，又称"金马河"，是岷江正流，主要用于行洪；内江在东，是人工引水总干渠，主要用于灌溉，又称"灌江"。"鱼嘴"决定了内外江的分流比例，是整个都江堰工程的关键。

内江取水口宽150m，外江取水口宽130m，利用地形、地势使江水在"鱼嘴"处按比例分流。春季水量小时，四成流入外江，六成流入内江，以保证春耕用水；春夏洪水期，水位抬高漫过"鱼嘴"，六成水流直奔外江，四成流入内江，使灌区免受水淹。这就是所谓"分四六，平潦旱"。此外，在古代还会使用杩槎（用来挡水的三脚木架）来人工改变内外两江的分流比例。

"都江堰是中国古代无坝引水工程的经典，创造出与自然和谐共存的水利形式，是具有独特美学意境的水工建筑。"中国水利水电科学研究院原副总工程师谭徐明说。据她介绍，无坝引水是中国古代水利工程最基本的建筑形式，其主要特点是规划上的科学性，它充分利用河流水文以及地形特点布置工程设施，使之既满足引水或通航的需求，又不改变河流原有的自然特性。古代都江堰渠首及以下的各级渠道均为无坝引水的工程形式，与天然河道类似的渠系集灌溉、防洪、水运和城市供水等功能于一体。

"都江堰利用岷江地形修筑，以最少的工程设施，实现了引水与水量的节制。"谭徐明说，渠首段河流的地形、河流水文和水力学特性与每一处工程设施的功用是协调运作的整体，共同决定了都江堰引水、排洪和排沙的能力。一方面河道地形决定了各工程设施的布置；另一方面通过工程措施可以保持河床地形的相对稳定，这体现了都江堰在规划方面的卓越成就。

英国学者李约瑟曾在《四川——自由中国的心脏》中写到都江堰："将超自然、实用、理性和浪漫因素结合起来，在这方面任何民族都不曾超过中国人。"

传统中国的自然观

在人类文明的进程中，水利活动始终扮演着重要角色。

都江堰不仅是古代工程的奇迹，更是一座饱含中国水利技术、传统文化的博物馆。

"中国水利工程的规划理念和技术内核少有征服自然的意识，其蕴含的生命力和文化的魅力来自对自然与河流的尊重。"谭徐明说，都江堰也是"历史模型"，最具象地展示了成功的水利工程如何从尊重自然、利用自然中获益，其对社会和区域环境又有怎样的贡献。

在都江堰的建设中，以石、木和竹为主的建筑材料和河工构件均直接源于自然，"这类因地制宜、就地取材的工程形式与河流环境融为一体，暗含着古代人水利规划与建筑形式的自然观。"谭徐明说。

站在今天回望，我们该如何认识和理解都江堰？

谭徐明给出她的解释："我们的视野不应局限在水利工程本身的历史，而要将它与区域乃至国家的历史联系起来，放大到它所惠泽的成都平原去理解；同时也不应局限于都江堰的竹笼、杩槎之类的工程技术，而应从中领略传统水利的科学内涵，以及由它所创造出的水工美学的意境。"

另外，认识都江堰，不能忽略都江堰独有的文化现象。"都江堰堪称世界上管理最好的古代水利工程，历史时期都江堰已经具有现代流域水资源一体化管理的机制，灌区管理还扩展到区域公共设施的管理。"谭徐明进一步解释，都江堰2000多年的延续是工程的延续，更是管理的延续，由水利的延续管理衍生出区域文化，"这个文化是非常实实在在的"。

早在汉代，朝廷就已设官员专门对都江堰进行管理。明清时期在渠首所在地灌县（今都江堰市）设官署，行政长官明代为水利金事，清代称水利同知。四川省、成都府及灌区各县则有专管官员，负责岁修和用水管理。

在谭徐明看来，成都平原从都江堰这座伟大的工程获益长达2000多年，是古代哲人"天人合一"自然观的最好诠释，是对今人可持续发展理念的最好例证。从对江河的利用与改造，到水利工程的未来，都江堰留给后人的财富远远超越了工程本身。生于成都，长于成都，谭徐明对都江堰灌区十分熟悉，也充满感情，"都江堰造就了成都平原的河流，成都大大小小的河流都属于都江堰的水系。我家推开窗户就是一条小河，上面有拱桥。府河和南河（锦江）是我们游泳和端午看龙舟比赛的地方。"

跨越时空的科学性

"深淘滩、低作堰"是刻在都江堰二王庙石壁上的治水"三字经"，与"遇弯截角、逢正抽心"的河工"八字诀"一起被奉为都江堰的传世准则。前者是古人从无数经验教训中凝练出的都江堰工程技术规范，后者则不仅适用于都江堰，而且是治理堆积性（增坡性）河流的普遍性法则，被后世遵循。

"美国到1936年才从治理密西西比河下游的经验认识到，截弯取直是正确的法则。在这以前，普遍认为取直后洪流将径奔下游，使下游流率增大，水位抬高，因而是不利的。殊不知当弯道和捷径同时存在，两道并流，增加了河槽临时蓄水的容量，只会使下游洪水流率和水位减低。而我国都江堰2200年前就已建立了这个治河法则。"我国著名水利工程专家黄万里在《论都江堰的科学价值与发展前途》中写道。

从设计和建造开始，都江堰就没有被视作一劳永逸的工程。从一开始，都江堰便有了维护制度，称为"岁修"。这是一项复杂的系统工程，必须在每年极短的枯水期内完成。

清末，西方现代建筑材料和技术传入中国，1935年，"鱼嘴"部分首先改用混凝土浇筑，这种永久性的工程结构让都江堰省去耗费人力的"岁修"；此后，"金刚堤""鱼尾""飞沙堰"陆续换掉了竹笼卵石材料，改为混凝土浇筑，古老的都江堰与现代建筑材料结合在一起。2018年，经国际灌溉委员会评定，都江堰被确认为世界灌溉工程遗产。

五、治理思维视角下的水安全

"全球水伙伴"将"水治理"定义为：与政治、社会、经济和行政相关，在不同社会层级发展和管理水资源，并提供服务供给。联合国开发计划署将"水治理"定义为：政府、民间社会和私营部门就如何最好地利用、开发和管理水资源作出决定的政治、经济和社会进程和机构。水利部发展研究中心《完善水治理体制研究》课题组对"水治理"的定义为：水治理是指政府、社会组织和个人等涉水活动主体，按照水的自然循环规律，在水的开发、利用、配置、节约和保护等活动中，统筹自然系统、社会系统、工程系统，依据法律法规、政策、规则、标准等正式制度，以及传统、习俗等非正式制度安排，综合运用法律、经济、行政、技术以及对话、协商等手段和方式，对全社会的涉水等活动所采取行动的综合。

因此，可以从如下维度对水治理内涵进行系统理解：

（1）治理主体——除政府外，企业、社会组织、公民个人均可作为水治理的主体，呈现出多元化趋势。

（2）治理依据——除强制性的国家法律、政策、标准外，权利来源还包括各种非强制的契约，以及一些传统、习俗等非正式制度安排。

（3）治理范围——较传统水管理而言，治理领域更宽阔，强调以公共领域为边界，而非仅仅局限于政府权力所及领域。

（4）治理手段——强调综合运用法律、经济、行政、技术以及对话、协商等手段和方式来解决复杂的水问题；尤其鼓励自主管理，强调通过协商和合作，实现权力的上下互动和平行互动，而非一味强制性的自上而下。

（5）治理需求——强调水资源治理、水环境治理、水生态治理、水灾害治理以及统筹资源、环境、生态、灾害等的系统综合治理，旨在确保一个国家或地区保质保量、及时持续、稳定可靠、经济合理地获得所需水资源；确保水体的水质安全性，及支撑人类生存和发展的水体及其服务功能的安全性；确保流域水循环和水生生物多样性的态势及其健康性与可持续性；确保江河、湖泊和地下水源开发、利用、控制、调配和保护水资源各类工程的安全；确保正常生活和生产所需水资源的供给。

水治理体系是指实施水治理的全部要素、手段、方式的总和，即体系化的治理结构，包括制度、治理主体、治理的体制机制、治理的方法手段等。水制度是水治理体系的基础和重要内容，包括法律法规、政策、规划和标准规范等。水治理主体是指参与和实施水治理的各种主体力量，包括政府、市场主体、社会团体、公众等。治理的体制机制是指为实现水治理目标、提升水治理效能而建立的工作组织与工作模式，如河湖长制、流域化管理、多元化投入、联合执法等。

水治理能力是指水治理体系对水和水事活动进行治理的能力和水平，包括防洪减灾、供水节水、河湖保护、农村水利、工程运行管理等各个领域。

目前，对于水治理安全的研究不多，对水治理安全没有明确的定义，从水治理安全是国家治理安全的重要组成部分的角度出发，我们认为水治理安全是指实现水治理现代化，掌握先进的水治理理念、动员多元的治理主体、建设良好的治理制度与运用有效的治理手段，解决水安全遇到的矛盾与问题，使水安全各个方面都能满足建设社会主义现代化强国的内在需要。

拓展阅读　　　　　　　　　　　　　**中国古代治水简史**

水利史包括水利各部门的历史，如防洪治河、农田水利、航运工程、城市水利、水能利用、水力机具以及相关文献和人物，等等。古代水利以防洪治河、农田水利、航运工程三者为主，综合叙述较详，其中防洪治河又以治理黄河为代表。按这三者发展阶段的起讫为标准，可分为6期。

初步发展期（公元前21世纪至公元前256年）

公元前21世纪至公元前256年，是中国水利史上的初步发展期。在尧舜时代，中国经历了一场空前浩大的洪水劫难。这场洪水淹没范围遍及黄河中下游和江淮一带，历时长达20年。尧帝专门召开四方部落酋长会议，共同推举夏族的首长鲧来治理洪水，鲧上任后采用单纯的筑堤御水的方法，结果苦干多年，耗费了大量人力物力，毫无成效。舜帝继位后，将治水无功的鲧流放到山东临沂一带杀了。鲧的儿子禹吸取父亲失败的教训，摸清水势特性，改变了单纯围堵的方法，而以疏导为主。他躬亲实践，用最原始的测量工具，实地勘察，研究水势，带领群众疏通河道，使洪水回归河槽流入大海。经过 10 多年的努力，洪水终于消退，平地露出，老百姓又能安居乐业了。禹还带领大家开沟凿渠，引水灌溉，开发耕地，化害为利。禹为人品格高尚，他结婚后第四天就离家去治水，十几年中三次走过家门而不入，赢得了人们的爱戴。至春秋战国，奴隶社会逐渐变为封建社会，铁器逐渐代替了青铜器，水利事业也自黄河流域开始相应发展。早期水利的实施往往针对当时已出现的问题，也往往是中国水利中最突出的问题。如黄河洪灾起自上古，战国时的赵、魏、齐等国在黄河下游为防洪已修筑较完整的堤防。在灌溉排水方面，相传夏商周有井田制，把农田用道路、沟洫划分成井字形九区，以沟洫形成灌排水网。引水灌田在我国有很长的历史，商代即有明确记载。南方有陂塘灌溉，如春秋时期的期思陂及芍陂；北方有渠系灌溉，如战国初期渠首建坝引水的智伯渠和引浑水淤灌的引漳十二渠。淮、汉流域渠塘结合的灌溉有秦昭王二十八年（公元前279年）始建的白起渠，即今引汉水支流蛮河灌溉的湖北宜城县长渠的前身。为了政治经济的需要，沟通南北水运网的人工运渠，自春秋后期起，有太湖和长江之间的运渠、江淮之间的邗沟、黄淮之间的鸿沟、济泗之间的菏水以及江汉之间、济淄之间的运渠等，这些渠道，水有余时还用于灌溉。

以黄河流域为主的发展期（公元前 255 年至 190 年）

公元前 255 年至 190 年，是中国水利史上以黄河流域为主的发展期。封建社会的早期，农业经济蓬勃发展，而水利是农业的命脉，也相应地有较大的发展。秦代大兴水利增强了国力，为统一全国打下基础。全中国的统一又为水利发展创造了最根本的条件。秦和西汉的政治中心在关中，位于黄河的中游，经济的开发也是以这里为重点。以关中地区的农业发展为主，西至西域，南至长江上游、岷江等流域，北至今河套地区都是发展的外围，水利布局和经济布局相应。农田水利以关中为中心，南以岷蜀、汉中为辅，西至西域屯田。西北至今宁灵灌区，北至黄河都有开发，到汉武帝时形式已经形成。关东由于黄河的水患，除南至淮河流域，北至幽翼的农田水利外，最重要的是黄河治理。秦王朝的三大杰出水利工程，一是公元前 256 至公元前 251 年，秦国蜀郡郡守李冰主持修建都江堰，引岷江水灌溉成都平原，迄今使用了两千多年；二是公元前 246 年，秦国用韩国水工郑国开始兴建郑国渠，引泾水向东，开渠 300 余里，灌田 4 万顷，促进了国力富强；三是公元前 214 年凿成通航的灵渠，灵渠流向由东向西，将兴安县东面的海洋河（湘江源头，流向由南向北）和兴安县西面的大溶江（漓江源头，流向由北向南）相连。这三大水利样板工程，其工程以结实、巩固、实用的状态，呈现出灌溉、航运的多元化使命；所建工程不仅实用，并且带动秦朝很多地方整治水患的风气，很好地保护了百姓的生命安全和财产安全。这些工程直到今天，依然还在起着疏防水患，利泽田地浇灌的重要作用。

向淮河流域发展期（190 年至 581 年）

自东汉初平元年（190 年）至隋政权建立（581 年）的近 400 年间，是中国水利史向淮河流域发展期，这一时期政治上长期分裂，黄河、淮河流域政权频繁更迭，战争连年不断，水利失修，经济长期衰落，只在北魏统一北方时水利稍有恢复。江淮以南较安定，自然条件较好，东晋南迁时，中原人口大量南下，促进了农业生产技术的提高，农田水利建设的重点转到了江淮地区。这一时期突出的特点是黄河很少洪灾及修防记载，成为水利史上急需研究的问题。长江和汉水则有局部修堤记录。另一特点是利用江河作为战争工具，形成了大量人为水灾，长江中游、黄河上游、汉水、淮水、泗水、济水以及一些山溪等都曾被利用，大规模的不下二三十次。淮河流域是当时南北政权争夺的地区，水利建设多与军事屯田有关。如曹魏在淮水干支流上大兴屯田水利，颍水两岸曾开渠 500 余里。但因修筑塘堰过多，工程质量差，西晋时已出现水灾频仍、土地渍涝返碱等弊端。长江下游南至钱塘江两岸的农田水利在这一时期有较大发展，出现了不少大型的塘堰。东汉时已有鉴湖（今浙江绍兴），西晋末修了练湖（今江苏丹阳北），六朝时修了赤山湖（今江苏句容）等。北方农田水利走向衰落，但在政局较稳定时，也修复了一些旧渠，并有所新建。如曹魏时筑戾陵堰（今北京西），引湿水（永定河）灌田万顷；北魏修艾山渠（今宁夏）引黄河水灌田 4 万顷等。最早的南北大运河，由于军事需要初步形成。曹操于东汉末北征袁尚开凿了沟通黄、海、滦河的一系列运渠，在黄河上与东西大运河连接，构成由滦河通钱塘江，或远通珠江的航道。

黄河流域恢复及江淮持续发展期（581 年至 1127 年）

自隋初（581 年）至北宋末（1127 年）547 年间是黄河流域恢复及江淮持续发展期，也是中国古代水利最发达的时期，表现为：水利在政治经济中占有重要地位，被视为国家的头等大事；水利普及全国，门类齐全；水利技术达到中国古代的最高水平，如出现了运河上的复闸等。隋唐时，黄河下游堤防恢复，300 多年中决溢 20 多次。五代时，政权分立，战乱多，平均每两三年决溢一次。北宋 168 年中平均一两年决溢一次，灾害规模大，修防工程多，技术水准有所提高，但空论较多，方略、方正举棋不定。初期多主张开支河分流，实际只筑堤堵口，修埽。庆历八年（1048 年）黄河改道，自天津东入海。于是，有是否挽河归故道向东流的争议。人工改河回东两次，均不能持久，仍然恢复北流。隋及唐前期，西北水利仍以关中为重点，恢复西汉时的面貌，并有所增加。隋开广通渠，相当于汉代漕渠，通运之外也用于灌溉；成国渠增修了六门堰，又开升原渠，兼有漕运之利；其余引黄、引洛、引汾、引涑以至引丹、引沁等灌区，都有增修。河套、宁夏、河西走廊、新疆、青海等灌区规模也有扩大，但唐后期至北宋大量荒废。北宋时，为边防需要，自天津到保定间储水为塘泊，阻止辽兵南下，兼有部分灌溉、排水功能。江淮及其以南，唐前期农田水利已有发展，后期持续增加。在长江干流及岷江、汉水、沅水、赣水都有大量工程；长江干流下游，江淮之间多塘堰之利；南岸及太湖流域多圩田及塘浦。浙闽沿海的御咸储淡灌溉工程迅速发展，钱塘江及苏松、苏北、福建都有海堤、海塘出现，直到北宋有增无减。熙宁年间（1068—1077 年）王安石变法，大兴农田水利，并在北方多泥沙河流上淤肥田，利用山洪淤灌，形成了历史上的放淤高潮。隋唐建都长安，以洛阳为东都，经济中心则在江淮地区，靠运河将两个都城与江淮联系在一起。隋开广通渠，代替渭水航道；唐开升原渠向西延伸。隋炀帝自洛阳开通济渠，经黄河向东南，新汴渠代替故汴渠；又开邗沟及江南运河，航道规整，自宝鸡至杭州间水运畅通。为避航道险阻，于三门峡段开凿开元新河。在淮河下游，北宋开龟山运河、洪泽运河等，避免淮水的风涛。江苏和浙江的海塘，起自杭州的钱塘江口，止于江苏常熟县福山港，全长 400 多公里。从常熟到金山的一段，约长 250 公里，历史上称它为江南海塘或江苏海塘；从平湖到杭州的一段，约长 150 公里，历史上称它为浙西海塘或钱塘江海塘。这个绵亘数百公里、宏伟壮观的世界上著名的海堤工程，长期捍卫着我国沿海富饶的江苏和浙江两省的广大地区和千百万人民的生命财产安全。

以长江流域及其以南为主的发展期（1128 年至 1566 年）

1128 年至 1566 年，是中国水利史上以长江流域及其以南为主的发展期。南宋初（1128 年）在滑州决黄河御金兵，河道南入泗河，夺淮河入海。金占领黄河流域后，百年间只有三四十年的局部修防，长年多道分流。金灭亡时（1234 年）宋兵入开封，蒙古兵又在肋城附近决黄河，南淹宋兵。水流至杞县分三股入淮，主流走涡河。元代亦只有局部修防，河势南北摆动，逐渐趋于归得（至河南商丘）至徐州入泗水一条。至正十一年（1351 年）贾鲁治河，堵塞向北的决口，挽回泗水故道，但效果不显著。明洪武二十五年（1392 年），黄河又南徙，自颍水入淮，后又逐渐北移。由于向北决口会冲断山东运河，在以保漕运为主的治水方针下实行南分北堵。正统及弘治间两次北决，冲断张秋运河，立即大力堵塞，遂于北岸筑太行堤。黄河决口地点下移到山东曹县、单县以下至徐州段。嘉靖后期，黄河在这一地区分 11 股、13 股漫流，南岸堤防也逐渐完成。这一时期，海河流域的漳河、滹沱河、特别是浑河（永定河）也常有水灾，筑堤修防。长江荆江段已陆续形成连续堤防工程。南宋时，西至川蜀、南至两广，塘堰灌溉及沿海御咸蓄淡灌溉工程大量发展。长江两岸圩垸已自下游、太湖流域向巢湖、鄱阳湖、洞庭湖和江汉平原发展；珠江下游堤围也迅速兴起，一直持续至元明两代。但是，南宋时围田和圩田在长江下游已出现过多的现象，形成旱无所蓄，涝无所排，于是有废田还湖的争议。元、明、清治理太湖就是以修塘、理浦、疏泄积水为主。清代洞庭湖等垸田，也有同样的问题。芍陂、郑国渠、南阳等古代灌区虽有修治，但都是逐渐缩小。元代曾大修宁夏灌渠，沁河灌渠有所扩大，还曾在云南、广东雷州半岛及蒙古大兴水利。金代，汴河已经淤废不通。开中都（今北京）至通州间漕渠。元、明两代建都北京，仰赖江南财赋，修建京杭运河：至元二十六年（1289 年）开山东段会通河，至元三十年（1293 年）开凿大都（今北京）至通州的通惠河。自大都起，经通惠河、北运河、南运河、会通河至徐州入黄河，至淮阴西的清口（黄淮运交汇处），再南入里运河过江，入江南运河直达杭州，京杭运河全线贯通。会通河段以汶、泗为水源，因水量不足，运输量不大。明初，黄河决口淤塞会通河，永乐九年（1411 年）重开时，改进汶水入运的分水工程，并经常引黄河水接济。于是，每年漕运 400 万石南粮至北京，成为南北交通大动脉。通惠河明代名大通河，不如元代通畅，京东的通州成了主要转运码头。

普遍恢复及衰落期（1567 年至 1949 年）

自明隆庆初（1567 年）至民国三十八年（1949 年）的 383 年间，水利事业进展缓慢，因此，是中国水利史上的普遍恢复及衰落期。如古灌区的萎缩，京杭运河至清末淤断等。这个时期的特点是引进西方技术，形成技术上的突破。明隆庆以后，在治理黄河中潘季驯提出以堤束水，以水攻沙，着眼于治沙，并主张固定河道、堵口修堤、修建水坝、修筑高家堰，形成大库容的洪泽湖，拦蓄淮河水，并蓄清刷黄。清康熙时，勒辅、陈潢沿用并发展了潘季驯的治黄思想，以后遵循不变。清代，极重视治黄，花费大量人力、物力。但是中期以后政治腐败，治河官吏贪污腐败更甚。咸丰五年（1855 年）黄河在河南铜瓦厢决口，夺大清河入海，黄河下游灾害继续加深；20 世纪上半叶，1912—1946 年间黄河决溢 107 次。长江逐渐形成自湖北至海口堤防 6000 余里，各大支流也修了堤防，均有水灾记录。永定河自康熙时虽已修有系统堤防，但仍不断决溢。其余各大河流都逐渐有了堤防，但灾害时有发生。京杭运河由引黄济运变为避黄行运。明嘉靖末至清康熙时期，先后开南阳新河、泇河、中运河与黄河间隔，仅在清口一处与黄河交叉。清口由于黄河淤积，堵塞淮水出路，阻隔运道，成为清代治理的重点。道光年间终于淤塞不通。咸丰五年黄河改道后，海运代替了内河运输，运河日益荒废，民国时仅有局部通航。近代西方技术迅速发展，明代后期开始传入中国。清代后期中国一些学者到西方学习并开始系统地将西方水利科学技术带回，也有一些西方学者来中国研究中国的水利。西方水利科学技术的引入，并与中国传统的水利科学技术的结合，促进了中国水利技术和水利理论的发展，例如综合治理黄河，制定了淮河、海河等河流流域治理规划和建设泾惠渠、运河上的新型船闸等，都为水利事业的进一步发展做了准备。

纵观当前国内外学者、会议对水安全的界定，可以看出，从不同角度，人们对水安全的认识是不同的，且随着人们对水安全的认识的深入，从单一的自然视角逐步发展成了系统性思维，从被动的认知逐步向比较自觉的认知发展，可以说，人们对水安全的认知越来越全面，越来越具体。

综合各种研究成果来看，我们可以大体对水安全进行基本界定，即一个国家或地区可以持续、稳定、及时、足量和经济地获取所需水资源的状态，核心是构建人水共生的和谐关系，具体表现在水旱灾害总体可控，城乡用水得到有效保障，水生态系统基本健康，水环境状况达到优良，涉水重大安全风险可有效应对，其他重要涉水事务相对处于没有危险和不受威胁的状态，是国家安全的重要组成部分。

第二节 水 安 全 属 性

一、水安全的自然属性

水安全与自然界水的质、量和时空分布特性相关。水的气态、液态、固态是水在自然界中的三种形态，这三种形态以温度的变化为媒介，形成了密切的关联性。根据资料统计，地球上的水，以气态、固态、液态三种形式存在于大气层、海洋、河流、湖泊、沼泽、土壤、冰川、永久冻土、地壳深处以及动植物体内，它们相互转化，共同组成一个包围地球的水圈，总水量有 14 亿 km^3。多数专家认为，地球形成之初就为水的产生创造了条件，部分专家认为在 46 亿年前，地球是一个由岩浆构成的炽热的球，且布满岩浆的熔融体，在这种高温条件下，大气中的氢和氧发生反应合成水，水蒸气逐步凝结下来并形成海洋，而这就是水循环的开始，水资源的循环往复造就了水的再生性，即水的蒸发、

1-2
什么是水？
水从哪里来？

下泄、径流、降雨循环，使得水资源川流不息，源源不断。

在一定温度条件下，水会以气态的方式存在，以我们所熟知的云或者雾等形式展现，气态水主要存在于大气层中，是大气水循环的必备条件，但是其数量相对于液态水、固态水来说，是十分微小的，仅仅占地球总水量的十万分之一，而且因为地形地貌、气候不同，水资源在循环过程中，也具有一定的随机性，如年月之间的水量均发生变化，有丰水年、枯水年、平水年之分，有丰水期和枯水期之别。此外，由于水资源地区分布的不均匀，使得各地区在水资源开发利用条件上存在巨大的差别，比如我国西部地区就十分缺水。固态水包括冰川和永久冻土两种存在形式。冰川对人的生存至关重要，地球上的冰川面积约占陆地的 11%，地球气候、世界大洋水位的变化以及整个人类生活在一定程度上都与之有关，冰川变化对全球地表热量平衡、大气环流和海洋洋流有着重要影响。近些年来，随着全球气候变暖，地球平均温度不断上升，根据资料显示，自 1994 年以来，格陵兰岛和南极洲以及北冰洋和南大洋已经融化了超过 28 万亿 t 的冰，冰川是地球上最大的淡水水库，如果冰川消融，那么必将会造成淡水资源流失，甚至会影响到冰川生物的生存与延续，造成生态失衡。

水安全与水的自然生态状况密切相关，主要包括河流生态、地下水生态等。首先，水与生态环境密不可分，相互促进，相互影响，只有当地球上的水资源丰富充盈，森林、植被才会更加茂盛，生态才会更加健康。如果水资源匮乏，植物将会生长受限，动物会因缺水而死亡，河道会因缺水而干涸，环境最终会恶化，生态平衡最终会被打乱。除此之外，我们还应注意到，近年来随着人类用水不断增长，天然生态系统用水和环境用水被不合理挤占，诱发出了诸多生态问题和环境问题，如横亘陕西、内蒙古、宁夏三地的毛乌素地区，曾经是一片水草丰美、牛羊成群的大草原，但是自唐代起，由于人类对这一地区的自然资源过度开发利用，导致毛乌素地区水土流失严重，逐渐荒漠化，也正因如此，毛乌素沙漠被称为"人造沙漠"。中华人民共和国成立后，经过几代人数十年的治理，如今的毛乌素腹地，林木葱茏，绿色已成主色调。

二、水安全的生命属性

水是人类生存的重要资源，也是生物体最重要的组成部分，水在生命演化中起到了重要的作用。人类很早就开始对水产生了认识，东西方古代朴素的物质观中都把水视为一种基本的组成元素，水是中国古代"五行"之一，西方古代的"四元素说"中也有水。

生命起源于浩瀚的海洋，中文"海"字是由人、水、母组成，从字的构成就说明了中国人对人与水关系的认识，水在希腊语中被称为 ARCHE，原意是万物之母。"万物之母"水所生的物品，都会在时间的流逝中衰败、破坏直至消失形体，而水没有固定的形体，水以回归，这也许就是水哲学水思想形成的根源。中国的老子提出：水为五行之首，万物之始；东汉著名医学家张仲景说：水为何物？命脉也！

水是生命之源，是一切生物生存与繁衍的物质基础，没有水就没有生命。生物学家曾发现一个丰富多彩的"富水"现象：植物叶子的含水量为 75%～85%；昆虫含水量为 45%～65%；哺乳动物的含水量为 60%～68%；海蚕含水量为 95%～98%。据统计，人体中的水分，大约占到了体重的 70%。其中，脑髓含水 75%，肌肉含水 76%，血液含水 83%，连坚硬的骨骼里也含水 22%。没有水，养料不能被人体吸收，废物不能排出体外，药物不能到达起作用的部位。在正常情况下，人体的水分 18 天更换一次，人 7 天不喝水就会渴死。在人体不同组织器官，水的内在结构也不相同。细胞膜及细胞质内的水则是最精华的"液晶态"水，聚集在细胞膜内侧，据估计，地球上人类和所有动植物的含水量，相当于全球地表淡水量的一半，可以毫不夸张地说：生命就是水，水就是生命。

三、水安全的社会属性

水资源是人类经济发展必不可少的重要支撑，水安全则是社会稳定有序的重要维系，具体表现为整体性、综合性、关联性以及长期性。

首先，水安全必须从社会经济发展的整体考量，即维护水安全应该以流域或区域为单元，进行水资源开发和社会经济的综合规划。一方面表现为水资源的可持续利用，遵循可持续利用、区域公平、代际公平、节水优先、以水定需、量水而行等原则，在能满足当代经济社会发展需求下，又要能保证子孙后代发展经济社会需求的水资源利用；另一方面表现为在维护良好的水生态环境的同时，以尽可能少的水资源消耗获得尽可能大的经济效益，实现水资源保护与经济发展的双赢。

其次，在水安全维系中，应统筹防洪、发电、灌溉、航运、供水、生态系统、旅游等与社会、经济、生态发展相适应，经济效益不再是唯一的目标，保障社会健康发展，保证生态环境的良性运行同等重要，实现经济效益、生态效益以及社会效益的整体平衡。例如，我国长江流域，流域面积达 180 万 km²，横跨不同的自然地理地带，沿江有许多方面的水资源开发利用问题，如何使其与社会经济环境综合协调是其水安全研究的关键问题之一。

再次，地表水、土壤水、地下水之间都有一定的联系，是一个有机的整体，把某一个水源地、一个含水层当作一个孤立的单元看待、开发，是造成各种水事纠纷、水资源浪费、水质恶化、环境质量下降等问题的主要原因之一。为此，在水安全整个体系的构建过程中，要充分考虑水资源系统内各个部分的联系和制约关系，使各部分能协调发展。例如，跨流域调水问题，其目的当然是给缺水地区补充水源，使其工农业生产和居民生活能够健康发展，但同时也要考虑调水是否会对调出水区的生态环境、经济发展造成影响，是否会对调水沿线地区的水资源状况、土壤、地下水造成影响等。

最后，水安全是需要长期关注的重大社会问题，因此，科学制定水的开发利用和保护的综合战略，为维护水安全和中华民族长期的生存与发展创造环境势在必行。以我国太湖治理为例，太湖是中国五大淡水湖之一，也是沿湖地区的重要水源地，从 1990 年开始至 2021 年，太湖治理前前后后花费了 31 年，但仍然还有很多问题没有解决，太湖流域生活污水和农业面源污染逐渐成为主要污染源，进一步提高污水处理标准和控制农业面源污染任务艰巨。特别需要引起重视的是，太湖流域经济总量继续大幅提高是必然趋势，需要大力转变经济发展方式，控制污染物排放总量，否则改善太湖水质将面临更大的困难和矛盾。

四、水安全的文化属性

古往今来，人们依水而居，依水而兴，世世代代繁衍生息，创造了一个个灿烂的文明。沿河、沿湖、沿海边缘地带是人类文明重要的发源地，从"陕西蓝田人"到"黄河文明"，从"云南元谋人"到"长江文明"，从"埃及金字塔"到"尼罗河文明"，都是沿河沿江文明起源的证明。翻开世界文明进化史，有多少文明的兴盛起源于大江大河，又有多少文明的衰败是由于江河消亡而引起，水安全的历史也是一部人类文明的创造与发展史。若将水安全看作是一项具体的文化形态，其理论结构要素有：①物质层面的要素，以物质为载体的水安全文化，主要通过水利工程、水环境和水文化阵地等来体现，包括被改造的河流湖泊、水工技术、治水工具、水利工程等。从都江堰、灵渠、京杭大运河、郑国渠等古代水利工程，到三峡、小浪底、南水北调、黄河标准化堤防等现代水利工程，所有水利工程的设计、施工、造型、工艺和作用，都凝聚着不同时代人们的知识、智慧和创造。②制度层面的要素，主要包括人们利用水、管理水、治理水的社会规范、社会习俗、法律法规等。③观念层面上的水安全，主要包括对水的认识、理解、崇拜以及宗教或是艺术、文学等所表现出的对水的感悟等。例如儒家的创始人孔子，对水充满了深厚的感情，曾言："逝者如斯夫，不舍昼夜！"这是孔子站在河边望着滔滔流逝的河水发出的感慨，表达的是生命易逝、年华不再的慨叹。孔子还有一句名言："智者乐水，仁者乐山。"这种"比德"的山水观，给山水赋予了深深的社会文化意义，并被后世发扬光大。做一个智者，像水一样，随遇而安，适应环境；做一个仁者，像山一样，以不变应万变，保持自我。山水合一，智仁兼备，乃是大智慧的人生选择，古代智者对水的赞颂实际上是对人们仁爱、勇气、善化、度量、意志等美德的赞颂，也是古人通过身边的事物获得知识、智慧的一种方式。

拓展阅读　　　　　　　　　　　　　　　**《浮生 70 记》H5**

　　中华人民共和国成立初期，湖湘人民肩挑手扛、移山倒海，打赢了一场又一场水利建设攻坚战；改革开放时期，水利建设迈开大步，农村小水电建设燎原三湘；1988 年《中华人民共和国水法》颁布，水利迈入法治化管理阶段，湖南省水利法制建设紧跟全国法制建设的步伐；1998 年大水后，三湘大地再掀水利建设大潮，防灾减灾体系逐渐完善，农村安全饮水工程进入千家万户；2011 年中央一号文件提出"水是生命之源、生产之要、生态之基"，党的十八大以来，湖南省大力推进生态文明建设，人与自然和谐共处……《浮生 70 记》H5 以音诗画的形式共同展现了湖南水利 70 年改革发展的成就。

1-3
水安全的特点
及其意义

第三节　水安全的现实意义

　　《中华人民共和国国家安全法》指出：国家安全是指国家政权、主权、统一和领土完整、人民福祉、经济社会可持续发展和国家其他重大利益相对处于没有危险和不受内外威胁的状态，以及保障持续安全状态的能力。维护国家安全的核心是维护国家核心利益和其他重大利益的安全，包括国家政权、主权、统一和领土完整、人民福祉、经济社会可持续发展以及国家其他重大利益的安全。《大中小学国家安全教育指导纲要》指出，国家安全主要包括政治安全、国土安全、军事安全、经济安全、文化安全、社会安全、科技安全、网络安全、生态安全、资源安全、核安全、海外利益安全以及太空、深海、极地、生物等不断拓展的新型领域安全。其中生态安全包括水、土地、大气、生物物种安全等方面，是人类生存发展的基本条件。党的二十大报告明确提出要建设人与自然和谐共生的中国式现代化，人水和谐关系是人与自然和谐共生的重要基础，水安全是实现人水和谐关系的重要保障，不仅关系到经济安全、能源安全、生态安全、粮食安全、国民安全，更关系到全面建成社会主义现代化强国、实现第二个百年奋斗目标，以中国式现代化全面推进中华民族伟大复兴。

一、水安全是经济安全的重要基石

我国经济安全的主要指标在工业发展方面，工业用水是我国继农业之后的第二大用水户，用水量占全国用水总量的 1/6 左右，从原材料加工到产品自身，几乎所有工业过程都要用水，因此，水安全是经济安全的重要支撑，也是经济安全的重要影响因素。此外，绿水青山就是金山银山，安全的水生态、水环境是打造水乡旅游产业集群的基础和前提，因此，以水为媒，紧密结合河湖水质提升、生态环境修复等工作，充分保护、利用好沿江沿湖的水资源和水文化，是实现绿色产业经济发展的重要保障。

二、水安全是能源安全的应有之义

能源是现代化的基础和动力，能源安全事关我国现代化建设全局。能源安全是指能源得到"可靠和连续供应免受内外威胁的一种保障状态"，表明一国能源供给比较稳定或相对满足。水能属于常规能源，是一种可再生能源，水能主要用于水力发电。1912 年中国就建成了国内第一座水电站——石龙坝水电站，至今仍在工作，110 年累计发电量已超过 10 亿 kW·h，堪称电力"活化石"，享有"中国水电之母"的美誉。结合"碳中和"大趋势，水电开发空间前景广阔，是未来我国绿色能源发展的重要构成，更是能源稳定供应的重要保障。

三、水安全对粮食安全至关重要

粮食安全是国家安全的基本保证，粮食安全根本在耕地，命脉在水利。根据资料显示，灌溉用水量占我国农业用水总量的 90%，占全国用水总量的近 60%～62%，是名副其实的用水大户。但是我国农业用水严重缺乏，缺水量达 3000 亿 m³，除此之外，我国的农业用水保障还面临水资源空间分布不均、水土资源布局不合理等问题，根据我国学者王田月、陆晨、石保纬等 2023 年的研究结果显示：我国农业水资源压力指数大致呈"由北向南""由东北向西南"

递减的空间分布规律，农业水资源不可持续地区主要集聚在华北地区、环渤海经济区以及西北地区。所以，我国要保障国内14亿多人口的粮食基本供应，除了要在耕地上加大制度改革、土壤改造、增加总面积外，还必须通过水资源的全面规划、统筹兼顾、综合利用来保障淡水资源的供应。

四、水安全对生态安全影响突出

生态安全是指生态系统本身的安全，水生态系统是由水生生物群落与水环境共同构成的具有特定结构和功能的动态平衡系统，这种平衡维持着正常的生物循环，一旦排入水体的废物超过其维系平衡的"自净容量"时，生态系统就会失衡。众所周知，湖泊是人类赖以生存和可持续发展的生态依托，湖泊以仅为全球淡水万分之一的水量，以不到全球面积1％的水体，提供了全球生态系统服务价值的40％。然而，在所有的自然生态系统中，湖泊又是最脆弱和最难恢复的生态系统之一，目前世界各地的湖泊几乎都面临着同样的问题，湖泊范围逐渐缩小，水质污染严重，生态功能不断退化萎缩，直接影响着人类的生产和生活。

五、水安全是国民安全的基本保障

国民安全是指组成国家的基本要素——人民的生命、健康、财产、日常生活等方面不受威胁的状态。国民安全是国家安全核心的构成要素，是一切国家安全保障活动和国家安全工作的根本目的。根据资料显示，2021年全国总用水量5920.2亿 m^3，其中生活用水909.4亿 m^3，占比达15.4％。每人每天对水量的基本需求约40～50L，根据专业数据测算，当前我国城镇化率每增加1％，城镇居民生活用水将增加16.7亿 m^3，充足的、清洁的饮用水是每个公民健康生存的根本条件之一，是国民安全的基本条件。因此，确保饮用水安全是确保水安全的基本内容之一。此外，通过几十年的努力，我国已经基本形成水旱灾害防御体系，但也存在病险水库、山洪灾害等突出薄弱环节，加上近年来气候形势异常复杂，水旱灾害的突发性、异常性和不确定性明显增加，水旱灾害关系人民群众的生命财产安全，因此，全面提升水旱灾害的防御能力，最大程度地减轻水旱灾害的损失，保护人民群众的生命财产安全，也是全面提升水安全保障能力的出发点和落脚点。

六、水安全是建设中国式现代化的重要支撑

习近平总书记强调，推进中国式现代化，要把水资源问题考虑进去，以水

定城、以水定地、以水定人、以水定产，发展节水产业，这一重要指示，为抓好水资源优化配置、推进水资源节约集约利用指明了行动方向，为建设人与自然和谐共生的现代化提供了重要遵循。水是发展的要素，也是安全的根基。水资源时空分布极不均匀，不仅意味着水资源使用必须量入为出，也意味着水安全必须被加倍重视起来，水危机的"灰犀牛"不得不防。我国一直存在着水资源与国土空间开发保护、人口经济发展布局不匹配的突出问题，解决我国新老水问题，提高水安全保障能力，不仅是进入新发展阶段对水安全保障提出的新要求新任务，更是全面建设社会主义现代化国家的必然要求。

第四节　水安全的战略地位

1-4
水安全的战略
地位

中国共产党历来重视治水。不论是革命、建设、改革时期，还是新时代，党领导下的水利事业始终坚持以人民为中心，始终以服务保障国民经济和社会发展为使命，以治水成效支撑了中华民族从站起来、富起来到强起来的历史性飞跃。

一、新民主主义革命时期

新民主主义革命时期，在江西瑞金、陕西延安，党领导人民有组织、有计划地发展红色根据地的水利事业，极大地促进了农业生产连年丰收，有效解决了广大军民的粮食问题，为根据地建设、红色政权巩固和革命事业发展作出了巨大贡献。这一时期，毛泽东提出著名的"水利是农业的命脉"科学论断，解决了许多水利问题。延安十三年，党领导下的水利事业迅猛发展，强调"把修水利作为重要工作之一"。解放战争期间，山东解放区与冀鲁豫解放区的人民在党的正确领导下，克服困难，修复黄河堤防，组织防汛，开启了"人民治黄"新篇章。

二、社会主义革命和建设时期

社会主义革命和建设时期，面对严重的水旱灾害和日益增大的粮食生产压力，党领导全国人民开展了轰轰烈烈的"兴修水利大会战"，建成一大批防洪灌溉基础设施，有力支撑了国民经济的恢复和发展。

1949年9月，中国人民政治协商会议第一届全体会议把兴修水利、防洪抗旱、疏浚河流等写入《中国人民政治协商会议共同纲领》。水利工作的重点是防洪排涝、整治河道、恢复灌区。1951年，毛泽东发出"一定要把淮河修好"

的号召，把大规模治淮推向高潮。1952 年，毛泽东指出"要把黄河的事情办好"，由此掀起大规模治理黄河的高潮。1952 年，中央人民政府发布《关于荆江分洪工程的决定》，开启了长江治理的大幕，文件中指出，要"为广大人民的利益，争取荆江分洪工程的胜利"，1954 年首次运用荆江分洪工程，为有效抵御长江出现的流域性特大洪水发挥了重要作用。到 20 世纪 70 年代末，治水的规模大、力度强，全国共修建 900 多座大中型水库，耕地灌溉面积达 7.25 亿亩。

三、改革开放和社会主义现代化建设新时期

改革开放和社会主义现代化建设新时期，水利战略地位不断强化，从支撑农业发展向支撑整个国民经济发展转变，可持续水利、民生水利得到重视和发展，水利事业取得长足进步。

改革开放初期，我国逐步明确了"加强经营管理，讲究经济效益"的水利工作方针，确立了"全面服务，转轨变型"的水利改革方向。1988 年《中华人民共和国水法》颁布实施，这是中华人民共和国成立以来第一部水的基本法，标志着我国水利事业开始走上法治轨道。20 世纪 90 年代，水资源的经济资源属性日益凸显，水利对整个国民经济发展的支撑作用越来越明显。1995 年，党的十四届五中全会强调，把水利摆在国民经济基础设施建设的首位。这一时期，大江大河治理明显加快，长江三峡、黄河小浪底、万家寨等重点工程相继开工建设，治淮、治太、洞庭湖治理工程等取得重大进展。世纪之交，水利发展进入传统水利向现代水利加快转变的重要时期。党的十五届三中全会提出"水利建设要实行兴利除害结合，开源节流并重，防洪抗旱并举"的水利工作方针。2000 年，党的十五届五中全会把水资源同粮食、石油一起作为国家重要战略资源，提高到可持续发展的高度予以重视。2011 年，中央一号文件聚焦水利，中央水利工作会议召开。这一时期，水利投入快速增长，水利基础设施建设大规模开展，南水北调东线、中线工程相继开工，农村饮水安全保障工程全面推进。

四、中国特色社会主义新时代

中国特色社会主义新时代，习近平总书记高度重视治水工作。党的十八大以来，习近平总书记专门就保障国家水安全发表重要讲话，强调"水安全是涉及国家长治久安的大事"，提出"节水优先、空间均衡、系统治理、两手发力"治水思路，为水利改革发展提供了根本遵循和行动指南，并提出长江流域"共

抓大保护、不搞大开发",强调"让黄河成为造福人民的幸福河"。全新的治水思路引领水利改革发展步入快车道。在水利建设方面,三峡工程持续发挥巨大综合效益,南水北调东线、中线一期工程先后通水,172项节水供水重大水利工程、河湖水系连通、大型灌区续建配套、农村饮水安全保障工程等加快建设,部署推进150项重大水利工程建设,进一步完善了江河流域防洪体系,优化了水资源配置格局,筑牢了国计民生根基。在水利改革方面,最严格的水资源管理制度全面建立,水资源刚性约束作用明显增强。这一时期,党领导统筹推进水灾害防治、水资源节约、水生态保护修复、水环境治理,解决了许多长期想解决而没有解决的水问题。我国水旱灾害防御能力持续提升,有效地应对了1998年以来最严重汛情;农村贫困人口饮水安全问题得到全面解决,83%以上农村人口用上安全放心的自来水,农村为吃水发愁、缺水找水的历史宣告终结。

2023年5月25日,党中央、国务院印发《国家水网建设规划纲要》,这是当前和今后一个时期国家水网建设的重要指导性文件,对推动构建现代化水利基础设施体系,在更高水平上保障国家水安全,支撑全面建设社会主义现代化国家、全面推进中华民族伟大复兴,具有十分重要的意义。

历经百年,党领导下的治水事业成就辉煌、举世瞩目。在防洪减灾方面,基本建成以堤防为基础、江河控制性工程为骨干、蓄滞洪区为主要手段、工程措施与非工程措施相结合的防洪减灾体系,洪涝和干旱灾害年均损失率分别降低到0.28%、0.05%,水旱灾害防御能力明显增强。在水资源配置方面,以跨流域调水工程、区域水资源配置工程和重点水源工程为框架的"四横三纵、南北调配、东西互济"的水资源配置格局初步形成,全国水利工程供水能力超过8700亿 m³,城乡供水保障能力显著提升,全国农村集中供水率达到88%。在农田水利方面,全国农田有效灌溉面积增加到10.3亿亩,有力保障了国家粮食安全。在水生态保护方面,地下水超采综合治理、河湖生态补水、水土流失防治等水生态保护修复工程扎实推进,水生态环境面貌呈现持续向好态势。在水利管理方面,初步形成以水法为核心的水法规体系,基本形成统一管理与专业管理相结合、流域管理与行政区域管理相结合以及中央与地方分级管理的水利管理体制机制,依法治水、科学治水更加有力。

拓展阅读　　　　　　　　　　　"井"践初心与恒心

习近平总书记在江西考察时指出:"以百姓心为心,与人民同呼吸、共命运、心连心,是党的初心,也是党的恒心。"江西瑞金被称为"红色故都""共和国摇篮"，是中国第一个红色政权——中华苏维埃共和国临时中央政府建立的地方。1933 年 4 月，中华苏维埃共和国临时中央政府从江西瑞金叶坪迁到沙洲坝后，毛泽东也住进了这个小村庄。沙洲坝，是瑞金有名的干旱沙地。当年 9 月，在了解到当地居民喝的水都是沟塘水、极不卫生的情况后，毛主席带领几个红军战士在村里进行了水源勘探，为群众打了一口水井，彻底解决了安全饮水的问题。解放后，当地老百姓将该井取名为"红井"，并在井旁立了一块木牌，上面写着"吃水不忘挖井人，时刻想念毛主席"，以示对毛主席和红军战士的感恩怀念。"红井"的故事从此成为传世佳话，几十年来感动和教育了一代又一代中国人。

20 世纪 70 年代，延安梁家河村村民常年吃水困难，只能到河里挖个渗水坑，挑坑里的浑水回去吃。"饮水卫生是大事，这样对付可不行！"1973 年，习近平带领村民仔细勘察，专门给村里打了一口饮水井，让老百姓喝上了干净的水，彻底改变了这种喝水难的状况。为了牢记习近平带领大家挖井的故事，后来梁家河村的百姓们就把这口井称作"知青井"。

2013 年 11 月 3 日，习近平总书记来到湖南省湘西十八洞村苗寨考察，首次提出"精准扶贫"的理念。有关企业帮助十八洞村建立了山泉水厂，促进了当地村民的就业，在十八洞村许多村民看来，这是一汪"致富泉"。2018 年，全国两会期间，一瓶名叫"十八洞村"的山泉水走进了人民大会堂湖南厅。这瓶走出大山的水，也成为十八洞村精准扶贫、脱贫发展的缩影。

一代人有一代人使命，从"红井"到"知青井"，再到"致富泉"，是我们党坚持以人民为中心的发展思想，着力解决人民群众最关心、最直接、最现实的水利问题的真实写照。截至 2021 年年底，全国共建成农村供水工程 827 万处，解决了 2.8 亿农村居民的饮水安全问题，广大农民祖祖辈辈肩挑背驮才能吃上水的问题历史性地得到解决。

习近平总书记指出："随着我国经济社会不断发展，水安全中的老问题仍有待解决，新问题越来越突出、越来越紧迫。老问题，就是地理气候环境决定的时空分布不均以及由此带来的水灾害。新问题，主要是水资源短缺、水生态损害、水环境污染。新老问题相互交织，给我国治水赋予了全新内涵，提出了崭新课题。"习近平总书记对水安全问题的深刻分析，体现了对我国国情水情和水安全阶段性特征的准确把握，体现了鲜明的问题导向和强烈的底线思维。

习近平总书记指出："'十四五'时期，以全面提升水安全保障能力为目标，以优化水资源配置体系、完善流域防洪减灾体系为重点，统筹存量和增量，加强互联互通，加快构建国家水网主骨架和大动脉，为全面建设社会主义

1-5　▶

水安全构成

现代化国家提供有力的水安全保障。""十四五"时期是我国全面建成小康社会、实现第一个百年奋斗目标之后，乘势而上开启全面建设社会主义现代化国家新征程、向第二个百年奋斗目标进军的第一个五年。进入新发展阶段，完整、准确、全面贯彻新发展理念，构建新发展格局，推动高质量发展，对水安全保障提出了新要求新任务，国家先后印发《"十四五"水安全保障规划》《国家水网建设规划纲要》，这两个文件成为今后五年水安全保障工作和国家水网建设的重要依据，标志着我国水安全保障工作进入了新的历史时期，水安全保障系统工程全面开启，对在更高水平上保障国家水安全，支撑全面建设社会主义现代化国家、全面推进中华民族伟大复兴，具有十分重要的意义。

根据党和国家的重要决策部署，分析我国水安全面临的新老问题的定位和这两个规划所确定的重要工作内容，结合治水现实要求和发展方向，并参考左其亭、夏军等关于水安全方面的研究，结合水安全概念界定、属性、现实意义和战略地位，本书将水安全划分为水旱灾害防御安全、水资源安全、水生态安全、水环境安全、水工程安全、水利信息安全，力求体现出水安全的系统性和完整性。

第五节　案　例　分　析

任务导引：以新时代水利发展成就为例，分析新时代治水思路对治水事业的深刻影响，引导学生提高对水安全的全面认识。

背景介绍：中共中央宣传部举行党的十八大以来水利发展成就新闻发布会，水利部部长李国英介绍党的十八大以来水利发展取得的成就如下：

十年来，水旱灾害防御能力实现整体性跃升。深入贯彻落实"两个坚持、三个转变"防灾减灾救灾理念，坚持人民至上、生命至上，不断完善流域防洪工程体系，强化预报预警预演预案措施，科学精细调度水利工程，成功战胜黄河、长江、淮河、海河、珠江、松花江、辽河、太湖等大江大河大湖严重洪涝灾害，近十年我国洪涝灾害年均损失占 GDP 的比例由上一个十年的 0.57% 降至 0.31%。2021 年以来，黑龙江上游发生特大洪水、黄河中下游发生历史性罕见秋汛、珠江流域北江发生历史罕见洪水，全国有 8135 座（次）大中型水库投入拦洪运用、拦洪量 2252 亿 m³，12 个国家蓄滞洪区投入分洪运用，减淹城镇 3055 个（次），减淹耕地 3948 万亩，避免人员转移 2164 万人，同时有力抗击珠江流域等多区域严重干旱，保障了大旱之年基本供水无虞。今年面对长江流域 1961 年以来最严重干旱，坚持精准范围、精准对象、精准措施，实施"长江流域水库群抗旱保供水联合调度专项行动"，保障了 1385 万群众饮水安全和 2856 万亩秋粮作物灌溉用水需求。

十年来，农村饮水安全问题实现历史性解决。锚定全面解决农村饮水安全问题这一打赢脱贫攻坚战的重要指标，全面解决了 1710 万建档立卡贫困人口饮水安全问题，十年来共解决 2.8 亿农村群众饮水安全问题，农村自来水普及率达到 84%，困扰亿万农民祖祖辈辈的吃水难问题历史性地得到解决。加强农田灌溉工程建设，建成 7330 处大中型灌区，农田有效灌溉面积达到 10.37 亿亩，在占全国耕地积 54% 的灌溉面积上，生产了全国 75% 的粮食和 90% 以上的经济作物，为"把中国人的饭碗牢牢端在自己手中"奠定了坚实基础。

十年来，水资源利用方式实现深层次变革。坚持"节水优先"，实施国家节水行动，强化水资源刚性约束，推动用水方式由粗放低效向集约节约转变。2021 年我国万元 GDP 用水量、万元工业增加值用水量较 2012 年分别下降 45% 和 55%，农田灌溉水有效利用系数从 2012 年的 0.516 提高到 2021 年的 0.568。近十年我国用水总量基本保持平稳，以占全球 6% 的淡水资源养育了世界近 20% 的人口，创造了世界 18% 以上的经济总量。

十年来，水资源配置格局实现全局性优化。立足流域整体和水资源空间均衡配置，加快实施一批重大引调水工程和重点水源工程。南水北调东、中线一期工程建成通水，累计供水量达到 565 亿 m³，惠及 1.5 亿人。开工建设南水北调中线后续工程引江补汉工程和滇中引水、引江济淮、珠三角水资源配置等重大引调水工程，以及贵州夹岩、西藏拉洛等大型水库，"系统完备、安全可靠，集约高效、绿色智能，循环通畅、调控有序"的国家水网正在加快构建。全国水利工程供水能力从 2012 年的 7000 亿 m³ 提高到 2021 年的 8900 亿 m³。

十年来，江河湖泊面貌实现根本性改善。坚持绿水青山就是金山银山理念，深入推进流域水生态保护治理。全面建立河长制湖长制体系，省市县乡村五级 120 万名河湖长上岗履职。实施母亲河复苏行动，华北地区地下水水位总体回升，2021 年治理区浅层地下水、深层承压水较 2018 年平均回升 1.89m、4.65m，白洋淀水生态得到恢复，永定河等一大批断流多年河流恢复全线通水，京杭大运河实现百年来首次全线贯通。十年来共治理水土流失面积 58 万 km²，全国水土流失面积和强度"双下降"，实现荒山披绿、"火焰山"变"花果山"。越来越多的河流恢复生命，越来越多的流域重现生机，越来越多的河湖成为造福人民的幸福河湖。

十年来，水利治理能力实现系统性提升。强化水利体制机制法治管理，深化流域统一规划、统一治理、统一调度、统一管理，推进水治理体系和治理能力现代化。《长江保护法》《地下水管理条例》等重要法律法规颁布实施，水行政执法与刑事司法衔接、与检察公益诉讼协作等机制不断健全。用水权市场化交易等重点领域改革加快推进，水利投融资改革取得重大突破，今年以来银行贷款、社会资本投入水利金额达到 2388 亿元，创历史纪录。数字孪生流域、数字孪生水网、数字孪生水利工程加快建设，水利科技"领跑"领域不断扩大。

要点分析与启示

1. 我国水利事业取得历史性成就、发生历史性变革的根本原因分析

我国水资源短缺、时空分布极不均匀、水旱灾害多发频发，是世界上水情最为复杂、江河治理难度最大、治水任务最为繁重的国家之一。党的十八大以来，习近平总书记站在中华民族永续发展的战略高度，提出"节水优先、空间均衡、系统治理、两手发力"治水思路，确立国家"江河战略"，擘画国家水网等重大水利工程，为新时代水利事业提供了强大的思想武器和科学行动指南，在中华民族治水史上具有里程碑意义。在习近平新时代中国特色社会主义思想科学指引下，社会各界关注治水、聚力治水、科学治水，解决了许多长期想解决而没有解决的水利难题，办成了许多事关战略全局、事关长远发展、事关民生福祉的水利大事要事，我国水利事业取得历史性成就、发生历史性变革。

2. 我国水利事业取得历史性成就、发生历史性变革的具体体现

主要体现在水旱灾害防御能力实现整体性跃升、农村饮水安全问题实现历史性解决、水资源利用方式实现深层次变革、水资源配置格局实现全局性优化、江河湖泊面貌实现根本性改善、水利治理能力实现系统性提升。

 拓展思考

我国治水思路发生重大转变，如何主动适应新时代治水新要求，成为一名优秀的高素质水利技术技能人才？

作业与思考

一、单项选择题

1. 水安全一词最早出现在（　　）。

A. 斯德哥尔摩举行的水讨论会

B. 第二届世界水论坛及部长级会议

C. 中国可持续发展水资源战略研究

D. 水安全研讨会

2. 水安全具有自然属性、生命属性、（　　）和（　　）。

A. 社会属性和文化属性　　　　　B. 生态属性和文化属性

C. 社会属性和生态属性　　　　　D. 世界属性和文化属性

3. 形成今天水安全严峻形势的因素很多，根子上是长期以来对经济规律、自然规律、（　　）认识不够、把握失当。

A. 生态规律　　　B. 环境规律　　　C. 发展规律　　　D. 科学规律

4. 习近平总书记提出"节水优先、空间均衡、（　　）、两手发力"治水思路。

A. 持续治理　　　B. 生态优先　　　C. 系统治理　　　D. 补齐短板

5. （　　）以仅为全球淡水万分之一的水量，以不到全球面积1‰的水体，提供了全球生态系统服务价值的40%。

A. 海洋　　　B. 湖泊　　　C. 江河　　　D. 溪水

6. 提高水治理现代化水平，以及智慧水利建设，提升数字化网络化智能化水平等现实要求，我们可以将水安全划分为水旱灾害防御安全、水资源安全、水生态安全、水环境安全、（　　）、（　　）。

A. 水工程安全、水利信息化安全

B. 水规划安全、水智慧安全

C. 水文明安全、供水安全

D. 水制度安全、水利信息化安全

二、判断题

1. 习近平总书记明确指出治水要从改造自然、征服自然转向调整人的行为、纠正人的错误行为。（　　）

2. 水安全事关国家经济安全、粮食安全、能源安全、生态安全、国民安全。（　　）

3. 第一个以水安全为主题的五年规划是《"十四五"水安全保障规划》。（　　）

4. 1988 年颁布实施的《中华人民共和国水法》是中华人民共和国成立以来第一部水的基本法。（　　）

5. 新时代治水对象发生了变化，水治理的对象逐渐演变成规范和约束引发水资源、水环境、水生态问题的个人、企事业单位等各类主体。（　　）

6. 新时代治水内容发生了变化，水治理内容逐渐转向调整人的行为、纠正人的错误行为。（　　）

第二章
水旱灾害防御安全

水旱灾害防御安全关系人民生命财产安全和粮食安全、经济安全、社会安全、国家安全，在水安全中具有特别重要的意义，必须始终牢记"国之大者"，更好统筹发展和安全，充分认识水旱灾害防御面临的严峻形势，主动适应把握全球气候变化下水旱灾害的新特点新规律，立足防大汛、抗大旱，坚决守住水旱灾害防御底线。水旱灾害防御安全分为防洪安全和抗旱安全。

2-1　▶
水旱灾害防御
安全的概念

第一节　防洪安全概念及相关知识

一、防洪安全的概念

防洪安全是指根据洪水规律与洪涝灾害特点，在可预见的技术、经济和社会服务水平等条件下，采取的各种防洪对策和措施能够防止或减轻洪涝灾害，保障各类防洪保护对象的安全，保障社会经济的可持续发展和社会稳定。

二、洪涝灾害的概念

洪涝灾害是指因降雨、融雪、冰凌、溃坝（堤）、风暴潮、热带气旋等造成的江河洪水、渍涝、山洪、滑坡和泥石流等，以及由其引发的次生灾害，包括江河洪水、山区洪水、冰凌洪水、融雪洪水、城镇内涝等亚灾种。

2-2　▶
洪涝灾害的
概念

洪涝灾害即水灾（图2-1），包括洪水灾害和雨涝灾害两种。其中，由于强降雨、冰雪融化、冰凌、堤坝溃决、风暴潮等原因引起江河湖泊及沿海水量增加、水位上涨而泛滥，以及山洪暴发所造成的灾害称为洪水灾害；因大雨、暴雨或长期降雨量过于集中而产生大量的积水和径流，排水不及时，致使土地、房屋等渍水、受淹而造成的灾害称为雨涝灾害。由于洪水灾害和雨涝灾害往往同时或连续发生在同一地区，有时难以准确界定，往往统称为洪涝灾害。

图 2-1 洪涝灾害

洪涝灾害具有双重属性，既有自然属性，又有社会经济属性。它的形成也须具备自然和社会经济两方面的条件。

自然条件主要包括气候异常和降水集中、量大两个条件。中国降水的年际变化和季节变化大，一般年份雨季集中在七月、八月两个月，中国是世界上多暴雨的国家之一，这是产生洪涝灾害的主要原因。洪水是形成洪涝灾害的直接原因。只有当洪水自然变异强度达到一定标准，才可能出现灾害。影响洪涝灾害的主要因素有地理位置、气候条件和地形地势。

只有当洪水发生在有人类活动的地方才能成灾。受洪水威胁最大的地区往往是江河中下游地区，而中下游地区因其水源丰富、土地平坦又常常是经济发达地区。

三、洪涝灾害的特点

从洪涝灾害的发生机制来看，洪涝具有明显的季节性、区域性和可重复性，如中国长江中下游地区的洪涝几乎全部都发生在夏季，并且成因也基本上相同，而在黄河流域则有不同的特点，春夏秋都可能发生洪水，并且成因不尽相同。同时，洪涝灾害具有很大的破坏性和普遍性，洪涝灾害不仅对当地流域有害，甚至能够严重危害相邻流域，造成水系变迁。并且，在不同地区均有可能发生洪涝灾害，包括山区、滨海、河流入海口、河流中下游以及冰川周边地区等。但是，洪涝仍具有可防御性，人类不可能根治洪涝灾害，但通过各种努力，可以尽可能地缩小灾害的影响。

1. 范围广

除沙漠、极端干旱地区和高寒地区外，中国大约 2/3 的国土面积都存在着不同程度和不同类型的洪涝灾害。年降水量较多，且 60%～80% 集中在汛期 6 至 9 月的东部地区，常常发生暴雨洪水；占国土面积 70% 的山地、丘陵和高原地区常因暴雨发生山洪、泥石流；沿海省、自治区、直辖市每年都有部分地区遭受风暴潮引起的洪水的袭击；北方的黄河、松花江等河流有时还会因冰凌引起洪水；新疆、青海、西藏等地时有融雪洪水发生；水库垮坝和人为扒堤决口造成的洪水也时有发生。

2. 发生频繁

据《明史》和《清史稿》资料统计，明清两代（1368—1911 年）的 543 年中，范围涉及数州县到 30 州县的水灾共有 424 次，平均每 4 年发生 3 次，其中范围超过 30 州县的共有 190 年次，平均每 3 年 1 次。新中国成立以来，洪涝灾害年年都发生，只是大小有所不同而已。特别是 20 世纪 90 年代，10 年中有 4 次成灾面积超过 1000 万 hm^2。

3. 突发性强

中国东部地区常常发生强度大、范围广的暴雨，而江河防洪能力又较低，因此洪涝灾害的突发性强。1963 年，海河流域南系 7 月底还大面积干旱，8 月 2 日至 8 日，突发一场特大暴雨，使这一地区发生了罕见的洪涝灾害。山区泥石流突发性更强，一旦发生，人民群众往往来不及撤退，造成重大人员伤亡和经济损失。如 1997 年 6 月 5 日，四川乐约乡突发大规模山体滑坡、泥石流灾害，死亡 152 人，摧毁村小学 2 所，造成直接经济损失 1500 万元。风暴潮也是如此，如 1999 年 10 月 9 日，第 14 号强台风从福建漳州市龙海区登陆时风力达 12 级，风速达 33m/s，狂风暴潮骤雨猛烈袭击省内沿海全线，造成 701.5 万人受灾，死亡 55 人，失踪 17 人，受淹城市 7 个，水利、铁路等基础设施毁坏严重，直接经济损失达 69.75 亿元。

4. 损失大

2010 年全国有 30 个省（自治区、直辖市）发生了洪涝灾害，农作物因洪涝受灾面积达 1786.669 万 hm^2，其中成灾 872.789 万 hm^2，受灾人口 2.11 亿人，因灾死亡 3222 人、失踪 1003 人，倒塌房屋 227.10 万间，直接经济总损失 3745.43 亿元，其中水利设施直接经济损失 691.68 亿元。

四、洪涝灾害的分类

（1）根据诱因及成灾环境的区域特点，洪涝灾害可分为溃决型、漫溢型、内涝型、蓄洪型、山洪型以及风暴潮海啸型六种类型。

溃决型：堤防或大坝因自然或人为因素发生溃决而引发的洪水灾害，主要特点在于突发性强，来势凶猛，破坏力大。

漫溢型：由于水位高于堤顶，水流漫溢淹没周围地势低洼区域而造成的洪涝灾害，主要特点在于洪灾严重程度受地形影响较大，水流扩散速度慢。

2-3
洪涝灾害的分类

内涝型：由于超标准降雨无法及时排泄，进而引起大面积积水的洪涝灾害，主要特点在于多发生在湖群分布广泛的地区。

蓄洪型：蓄洪区由于河道来水过大难以及时排除而被迫启用，进而导致的人为空间转移性洪涝灾害，主要特点在于其人为干预性强。

山洪型：山区河流由于暴涨暴落而导致的突发性洪涝灾害，主要特点在于突发性强，来势凶猛且破坏力大。

风暴潮海啸型：由台风或海啸引发并造成堤岸决口、海潮入侵或海水倒灌的洪涝灾害，主要特点在于发生在海陆交接的海岸带，摧毁力较大。

（2）根据发生区域的尺度，洪涝灾害可分为农田洪涝灾害、城市洪涝灾害和流域洪涝灾害。其中农田洪涝灾害主要包括洪水、涝害、湿害三种。

洪水：大雨、暴雨引起山洪暴发、河水泛滥、淹没农田、毁坏农业设施等。

涝害：雨水过多或过于集中或返浆水过多造成农田积水成灾。

湿害：洪水、涝害过后排水不良，使土壤水分长期处于饱和状态，作物根系缺氧而成灾。

（3）根据我国城市内涝研究报告，结合我国城市洪涝灾害特点，城市洪涝灾害主要包括：暴雨内涝为主型，暴雨内涝、外洪混合型，暴雨内涝、外洪、风暴潮混合型三种。

暴雨内涝为主型：城市的洪涝灾害主要由暴雨引起城市内涝，多发生在我国北方城市。

暴雨内涝、外洪混合型：由于汛期降雨丰沛，造成城市内涝积水和洪水汇入积水的低洼区的涝灾，"洪"与"涝"并存。多发生在我国内陆城市及位于山区地区的城市。内涝、外洪混合型城市大部分面临河道洪水和地表涝水的双重威胁。

暴雨内涝、外洪、风暴潮混合型：汛期除了面临暴雨内涝、外来洪水潜在威胁外，还遭受来自西太平洋风暴潮的影响。多发生在我国东南沿海城市。

（4）洪涝灾害四季都可能发生，根据发生的季节，主要分为春涝、夏涝和秋涝。

春涝：主要发生在华南、长江中下游、沿海地区。

夏涝：夏涝是中国的主要涝害，主要发生在长江流域、东南沿海、黄淮平原。

秋涝：多为台风雨造成，主要发生在东南沿海和华南。

五、洪涝灾害的等级划分

洪涝灾害的等级划分用来描述受灾程度，为开展救灾工作等提供依据。通常可将洪涝灾害划分为特大灾、大灾、中灾和轻灾四个级别。

划分特大灾、大灾、中灾、轻灾的具体指标包括：农作物绝收面积占比、倒塌房屋占比、损坏房屋占比、灾害死亡人数和直接经济损失等，详见表2-1。

表 2-1　　　　　　　　　　洪涝灾害等级划分标准

洪涝灾害等级	划　分　标　准				
	农作物绝收面积占比	倒塌房屋占比	损坏房屋占比	灾害死亡人数	直接经济损失
特大灾	≥30%	≥1%	≥2%	≥100人	≥3亿元
大灾	≥10%	≥0.3%	≥1.5%	≥30人	≥3亿元
中灾	≥1.1%	≥0.3%	≥1%	≥10人	≥0.5亿元
轻灾	<1.1%	<0.3%	<1%	<10人	<0.5亿元

注　1. 农作物绝收面积占比是指在县级行政区域造成农作物绝收面积占播种面积的比例，其中农作物绝收面积是指在农作物受灾面积中，因灾减产八成以上的农作物播种面积。

2. 倒塌房屋占比是指在县级行政区域倒塌房屋间数占房屋总数的比例。

3. 损坏房屋占比是指在县级行政区域损坏房屋间数占房屋总数的比例。

4. 直接经济损失是指受灾体遭受洪涝灾害（含地质灾害）后，自身价值降低或丧失所造成的损失。

5. 只要达到每一级灾害的5个指标中至少1个指标，便可划分为该级别的洪涝灾害。

受灾程度轻于中灾的统称为轻灾。轻灾通常细分为轻灾一级、轻灾二级和轻灾三级。

轻灾一级：灾区死亡和失踪人数8人以上；洪涝灾情直接威胁100人以上群众生命财产安全；直接经济损失3000万元以上。

轻灾二级：灾区死亡和失踪人数5人以上；洪涝灾情直接威胁50人以上群众生命财产安全；直接经济损失1000万元以上。

轻灾三级：灾区死亡和失踪人数 3 人以上；洪涝灾情直接威胁 30 人以上群众生命财产安全；直接经济损失 500 万元以上。

六、防洪标准

防洪标准是指各种防洪保护对象或工程本身要求达到的防御洪水的标准。通常以频率法计算的某一重现期的设计洪水位防洪标准，或以某一实际洪水（或将其适当放大）作为防洪标准。

防洪标准的高低，与防洪保护对象的重要性、洪水灾害的严重性及其影响直接相关，并与国民经济的发展水平相联系。国家根据需要与可能，对不同保护对象颁布了不同防洪标准的等级划分。在防洪工程的规划设计中，一般按照《防洪标准》（GB 50201—2014）、《水利水电工程等级划分及洪水标准》（SL 252—2017）和《城市防洪工程设计规范》（GB/T 50805—2012）等选定防洪标准，并进行必要的论证。阐明工程选定的防洪标准的经济合理性。对于特殊情况，如洪水泛滥，可能造成大量生命财产损失等严重后果时，经过充分论证，可采用高于规范规定的标准。如因投资、工程量等因素的限制一时难以达到规定的防洪标准时，经过论证可以分期达到。城市防洪工程设计标准见表 2-2。

表 2-2　　　　　　　　　城市防洪工程设计标准

防护等级	重要性	常住人口/万人	当量经济规模/万人	防洪标准（重现期）/年
Ⅰ	特别重要	≥150	≥300	≥200
Ⅱ	重要	<150，≥50	<300，≥100	200~100
Ⅲ	比较重要	<50，≥20	<100，≥40	100~500
Ⅳ	一般	<20	<40	50~20

注　摘自《防洪标准》（GB 50201—2014）。

2-4
98 抗洪精神

拓展阅读　　　　　　　　　　　　　　　　　**98 抗洪精神**

1998 年夏，长江流域发生了全流域性特大洪水，先后出现 8 次洪峰，有360 多 km 的江段和洞庭湖、鄱阳湖超过历史最高水位；嫩江、松花江发生超历史纪录的特大洪水，先后出现 3 次洪峰；湖北、湖南、江西、安徽、江苏、黑龙江、吉林、内蒙古等省、自治区沿江、沿湖的众多城市和广大农村，人民生命财产安全和国民经济生产受到严重威胁。在党中央的领导下，全党、全军和全国人民紧急行动起来，开展了气势恢宏、艰苦卓绝的抗洪抢险斗争。遵照中共中央、中央军事委员会的命令，中国人民解放军和中国人民武装警察部队官兵迅速奔赴抗洪前线，与灾区广大干部群众一起，同心同德，团结奋战（图2-2）。经过两个多月的顽强拼搏，战胜了一次又一次洪峰，成功地保卫了重要城市和主要交通干线的安全，保卫了广大人民生命财产的安全，创造了人类征服自然灾害的伟大壮举和辉煌业绩。在抗洪抢险期间，中央领导多次亲临抗洪第一线，察看灾情，慰问军民，指挥抗洪抢险战斗。1998年9月28日，中共中央、国务院隆重举行全国抗洪抢险总结表彰大会，会议高度评价了抗洪抢险斗争的伟大胜利，深刻总结了抗洪抢险的成功经验，精辟阐述了伟大的抗洪精神，明确指出："在同洪水的搏斗中，我们的民族和人民展示出了一种十分崇高的精神。这就是万众一心、众志成城，不怕困难、顽强拼搏，坚韧不拔、敢于胜利的伟大抗洪精神。"抗洪精神的基本内涵是：①万众一心、众志成城。指中华民族的强大凝聚力。面对特大洪水的威胁，全党、全军和全国人民在中共中央的坚强领导下，同心同德，风雨同舟，团结奋战，共同筑起了坚不可摧的抗洪大堤。一方有难，八方支援，处处现真情，人人讲奉献。包括港澳台同胞、海外侨胞在内的12亿中华儿女的力量凝结在一起，汇成了抗击洪灾的巨大力量，中华民族的内聚力得到了空前加强。②不怕困难、顽强拼搏。指中国人民大无畏的英雄气概。在抗洪前线，每个人的世界观、人生观、价值观都面临着严峻的考验。抗洪军民把国家和人民的利益摆在至高无上的地位，不怕艰难困苦，不怕流血牺牲，英勇顽强，浴血奋战，与肆虐的洪水进行了殊死搏斗。各级领导干部身先士卒，披艰履险；共产党员冲锋在前，奋勇当先；广大官兵和人民群众奋不顾身，严防死守，涌现出了无数奋不顾身、舍生忘死的模范人物和英雄群体，创造了可歌可泣的英雄业绩。③坚韧不拔、敢于胜利。指中国共产党人、中国人民解放军和中国人民为了实现自己的理想，不怕艰难险阻，百折不挠的坚强意志和必胜信念。面对长时间的异常险恶情况，抗洪军民始终保持了必胜的坚定信念和不获全胜誓不罢休的高昂士气，发扬了不怕疲劳、连续作战的作风，立下军令状，竖起生死牌，组织敢死队，哪里最危险，就冲向哪里，越是情况危急，越是不屈不挠，守大堤，堵决口，排险情，表现出了超人的勇气和毅力，夺取了抗洪抢险斗争的伟大胜利。广大抗洪军民创造的抗洪精神，同中国共产党人、中国人民解放军和中国人民在长期革命、建设和改革实践中产生的井冈山精神、长征精神、延安精神、老山精神，以及新时期的创业精神是一脉相承的，成为推进建设中国特色社会主义伟大事业和军队现代化建设的巨大精神动力。

图 2 - 2 98 抗洪现场

（1998 年 8 月 11 日，九江数千名解放军为堵住决堤奋战着，这一刻他们 5 天没有睡觉了。）

第二节 抗旱安全概念及相关知识

2-5

"抗旱安全"
——世界水利
第八大奇迹

2-6

干旱、旱灾与
旱情

一、抗旱安全的概念

旱灾是对人类社会影响最深远的自然灾害之一，可发生在世界的任何地方。近年来极端干旱事件频发，如 2010—2011 年非洲东部干旱、2011 年美国得克萨斯州干旱、2012—2018 年美国加利福尼亚州干旱、2018 年德国和澳大利亚干旱等。干旱可对农业生产，社会生活和经济发展产生深远的影响。

抗旱安全是指采取的各种工程或非工程的抗旱措施能够合理开发、调配、节约和保护水源，能够预防和减少因水资源短缺对城乡居民生活、生产和社会经济发展产生的不利影响。

二、干旱与旱灾

干旱是指由于降水减少，水工程供水不足引起的用水短缺，并对生活、生产和生态造成危害的事件，表现为淡水总量少，不足以满足人的生存和经济发展的气候现象，一般是长期的现象。

旱灾是指干旱对农业生产、城乡经济、居民生活和生态环境造成的损害，主要表现在因干旱造成的饮水困难和作物受旱。旱灾因气候严酷或不正常的干旱而形成，属于气象灾害。一般指因土壤水分不足，农作物水分平衡遭到破坏而减产或歉收从而带来的粮食问题，甚至引发饥荒。同时，旱灾亦可令人类及动物因缺乏足够的饮用水而致死。此外，旱灾后则容易发生蝗灾，进而引发更严重的饥荒，导致社会动荡。

需要注意的是，并不是所有的干旱都引起旱灾，一般地，只有在正常气候条件下水资源相对充足，较短时间内由于降水减少等原因造成水资源短缺，造成对生产生活的较大影响，才可以称为旱灾。例如华北地区属于半湿润区，其春季夏季的干旱对其农业生产造成巨大影响，可以称作旱灾。而我国西北温带大陆性气候区，其气候特征是常年降水少，气候干旱，人们已经习惯了其干旱的气候，所以此地一般的干旱不能称作旱灾。

旱灾一直都是人类面临的主要自然灾害之一，即使在科技发达的现代，它造成的灾难性后果仍然比比皆是。值得注意的是，随着人类的经济发展和人口膨胀，水资源短缺现象日趋严重，这也直接导致了干旱地区的扩大与干旱化程度的加重，干旱化趋势已成为全球关注的问题。

三、旱情与旱灾的表现

旱情的主要表现是土壤水分不足，不能满足牧草等农作物生长的需要，造成较大的减产或绝产的灾害，通常将农作物生长期内因缺水而影响正常生长称为受旱（图 2-3），受旱减产三成以上称为成灾。

图 2-3 农作物受旱

旱灾是普遍性的自然灾害，不仅农业受灾，严重的还影响到工业生产、城市供水和生态环境。旱灾的形成主要取决于气候。经常发生旱灾的地区称为易旱地区，通常将年降水量少于 200mm 的地区称为干旱地区，年降水量为 200～400mm 的地区称为半干旱地区。世界上干旱地区约占全球陆地面积的 25%，大部分集中在非洲撒哈拉沙漠边缘、中东和西亚、北美西部和中国的西北部。这些地区常年降雨量稀少而且蒸发量大，农业主要依靠山区融雪或者上游地区来水，如果融雪量或来水量减少，就会造成干旱。

2-7
干旱的分类

四、干旱的分类

通常将干旱分为以下四种类型。

（1）气象干旱，指不正常的干燥天气时期，持续缺水足以影响区域引起严重水文不平衡，表征为一定时段内区域的降水明显低于正常水平可引发的干旱。

（2）水文干旱，指在河流、水库、地下水含水层、湖泊和土壤中低于平均含水量的时期，表征为一定时段内区域河流、水库或地下水的储备低于正常水平可引发的干旱。

（3）农业干旱，指降水量不足的气候变化，对作物产量或牧场产量足以产生不利影响，表征为一定时段内土壤含水量低于正常水平而引发农作物减产的干旱。

（4）社会经济干旱，指由于用水管理的实际操作或设施的破坏引起的缺水，表征为对经济商品的供应和需求产生影响的干旱。

五、干旱的等级划分

为对干旱事件进行监测和评估，《气象干旱等级》（GB/T 20481—2017）提出依据降水量距平百分率（PA）、相对湿润度指数（MI）、标准化降水指数（SPI）、标准化降水蒸散指数（SPEI）、帕默尔干旱指数（PDSI）及气象干旱综合指数（MCI）等6种指标来划分干旱等级。

由于干旱是降水长期亏缺和近期亏缺综合效应累加的结果，气象干旱综合指数（MCI）考虑了60天内的有效降水（权重累积降水）、30天内蒸散（相对湿润度）以及季度尺度（90天）降水和近半年尺度（150天）降水的综合影响。气象干旱综合指数考虑了业务服务的需求，增加了季节调节系数，适用于作物生长季逐日气象干旱的监测和评估。依据气象干旱综合指数划分的气象干旱等级见表2-3。

表2-3　　　　　　气象干旱综合指数等级的划分表

等级	类型	MCI	干旱影响程度
1	无旱	$-0.5<MCI$	地表湿润，作物水分供应充足；地表水资源充足，能满足人们生产、生活需要
2	轻旱	$-1.0<MCI\leqslant-0.5$	地表空气干燥，土壤出现水分轻度不足，作物轻微缺水，叶色不正；水资源出现短缺，但对生产、生活影响不大

等级	类型	MCI	干旱影响程度
3	中旱	$-1.5<\text{MCI}\leqslant-1.0$	土壤表面干燥，土壤出现水分不足，作物叶片出现萎蔫现象；水资源短缺，对生产、生活造成影响
4	重旱	$-2.0<\text{MCI}\leqslant-1.5$	土壤水分持续严重不足，出现干土层（1～10cm），作物出现枯死现象；河流出现断流，水资源严重不足，对生产、生活造成较重影响
5	特旱	$\text{MCI}\leqslant-2.0$	土壤水分持续严重不足，出现较厚干土层（大于10cm），作物出现大面积枯死；多条河流出现断流，水资源严重不足，对生产、生活造成严重影响

六、干旱的预测指标

气象干旱综合指数 MCI 是以标准化降水指数、相对湿润指数和降水量为基础建立的一种综合指数。

近年来，为对干旱进行预测，有学者陆续提出一系列干旱指数，每个指数各有其优势及劣势，一些较常用的干旱指数如下。

（1）SPI 指数（标准化降水指数）。SPI 指数可灵活评估不同时间尺度的干旱状况，且由此计算得到的不同区域干旱状况具有可比性。鉴于 SPI 指数的优势，学者采用相似的统计原理陆续提出了一系列的干旱指数，如以蒸散发为指示变量的 SPEI 指数，该指数用于评价气象干旱；以产水量为指示变量的 SRI 指数和以径流量为指示变量的 SSFI 指数，用于评价水文干旱；以土壤含水量为指示变量的 SSI 指数，该指数用于评价农业干旱。

（2）PDSI 指数（帕默尔干旱指数）。该指数为首个评估区域总体水分状况的干旱指数，曾为使用最广泛的干旱指数，近年来其地位陆续被 SPI 族指数取代。

（3）CMI 指数（作物水分指数）。CMI 指数能快速反应农作物的土壤水分状况；适宜作物生长季短期干旱的监测。

（4）SWSI 指数（土壤干旱指数）。SWSI 指数与土壤水分的含量有关，能够反映地面干湿情况。

（5）VCI 指数（植被状态指数）。VCI 指数以植被为指示变量，其有效性在夏季植物生长季节更明显。

七、干旱预警

干旱预警信号分二级，分别以橙色、红色表示。干旱指标等级划分，以《气象干旱等级》（GB/T 20481—2017）中的气象干旱综合指数为标准。

橙色：预计未来一周气象干旱综合指数达到重旱（气象干旱为25～50年一遇），或者某一县（区）有40%以上的农作物受旱。

红色：预计未来一周气象干旱综合指数达到特旱（气象干旱为50年以上一遇），或者某一县（区）有60%以上的农作物受旱。

拓展阅读　　　　　　　　　　　　　**泾惠渠灌区旱灾危机**

干旱导致地表水匮乏，河川断流、湖泊干涸，使得泥沙无法被水流带走而淤积在河道，河床升高、湿地减少，影响生物的多样性。泾惠渠灌区的自然灾害以干旱为主，自中华人民共和国成立以来，陕西省泾惠渠灌区共发生15次干旱，成灾10次，基本呈现三年一旱的规律。自1988年至2014年泾惠渠灌区发生过8次大旱以上的干旱，其中特大干旱2次。1995年，泾惠渠灌区下游13334hm² 农田受干旱影响未能按时播种，8000hm² 农田严重减产，2000hm² 绝收，造成直接经济损失达5000万元以上。

第三节　水旱灾害防御应急响应

水旱灾害防御应急响应是在水旱灾害发生后发布的应急响应。启动水旱灾害应急响应能够确保及时、有效处置发生或预计发生的特别重大、重大和较大的水旱灾害，提高应急处置工作效率和水平，保证水旱灾害防御工作有力、有序和有效进行；当发生或预计发生水旱灾害时，根据规定启动相应级别的应急响应，开展预测、预报、预警和预演，提高应急处置工作效率和水平，能为水旱灾害"黑天鹅""灰犀牛"等事件防御工作提供科学理论依据和有力技术支撑。

根据预报可能发生或已经发生的水旱灾害性质、严重程度、可控性和发展程度、发展趋势、影响范围等因素，水利部水旱灾害防御应急响应分洪水防御、干旱防御两种类型，启动和终止时针对具体流域和区域，级别分别从低到高分为四级：Ⅳ级、Ⅲ级、Ⅱ级和Ⅰ级。

2-8

洪水防御应急
响应

一、洪水防御应急响应

1. 应急响应等级划分标准

根据《水利部水旱灾害防御应急响应工作规程》，洪水防御应急响应按照表2-4进行划分。

2. 应急响应启动

根据汛情发展变化，当出现符合洪水防御各级应急响应条件的事件时，视应急响应级别决定启动洪水防御相应级别的应急响应。启动洪水防御应急响应的流程见表 2 - 5。

表 2 - 4　　　　　　　　　洪水防御应急响应等级划分标准

响应级别	判别依据（出现下列情况之一，即定为相应级别洪水防御应急响应）
Ⅳ级	（1）综合考虑气象暴雨（或台风）预警，预报将发生较强降雨过程，可能引发较大范围中小河流洪水； （2）预报大江大河干流重要控制站可能发生超警洪水或编号洪水； （3）预报有 2 条及以上主要河流重要控制站发生超警洪水，且涉及 2 个及以上省（自治区、直辖市）； （4）大江大河干流一般河段或主要支流堤防出现可能危及堤防安全的险情； （5）中型水库（含水电站，下同）出现可能危及水库安全的险情或发生超设计水位情况； （6）小型水库发生可能危及水库安全的险情，可能威胁周边城镇、下游重要基础设施、人员安全等； （7）全国山洪灾害风险预警中单个片区有 20 个县区风险预警级别达橙色及以上或发生较大山洪灾害； （8）预报省级调度的国家蓄滞洪区需启用； （9）地震等自然灾害造成水利工程出现险情需要启动洪水防御Ⅳ级应急响应的情况。
Ⅲ级	（1）综合考虑气象暴雨（或台风）预警，预报将发生强降雨过程，可能引发大范围中小河流洪水； （2）预报大江大河干流重要控制站可能发生超保洪水； （3）预报 2 条及以上主要河流重要控制站可能发生超保洪水，且涉及 2 个及以上省（自治区、直辖市）； （4）预报七大流域中某一流域可能发生流域性较大洪水； （5）大江大河干流重要河段堤防出现可能危及堤防安全的险情； （6）大中型水库出现可能危及水库安全的严重险情或发生超校核水位情况； （7）小型水库发生漫坝或垮坝，可能严重威胁周边城镇、下游重要基础设施、人员安全等； （8）河流发生Ⅱ级风险堰塞湖； （9）全国山洪灾害风险预警中单个片区有 20 个县区风险预警级别达红色或发生重大山洪灾害； （10）预报流域防总调度的国家蓄滞洪区需启用； （11）地震等自然灾害造成水利工程出现险情需要启动洪水防御Ⅲ级应急响应的情况。

续表

响应级别	判别依据（出现下列情况之一，即定为相应级别洪水防御应急响应）
Ⅱ级	（1）综合考虑气象暴雨（或台风）预警及当前雨水情，预报七大流域中某一流域可能发生流域性大洪水； （2）大江大河干流一般河段及主要支流堤防发生决口； （3）中型水库发生垮坝，可能威胁周边城镇、下游重要基础设施、人员安全等； （4）河流发生Ⅰ级风险堰塞湖，或发生跨省且Ⅱ级风险堰塞湖； （5）发生特别重大山洪灾害； （6）预报国家防汛抗旱指挥部（以下简称国家防总）调度的国家蓄滞洪区需启用； （7）地震等自然灾害造成水利工程出现险情需要启动洪水防御Ⅱ级应急响应的情况。
Ⅰ级	（1）综合考虑气象暴雨（或台风）预警及当前雨水情，预报七大流域中某一流域可能发生流域性特大洪水； （2）大江大河干流重要河段堤防发生决口； （3）大型水库发生垮坝，可能严重威胁周边城镇、下游重要基础设施、人员安全等； （4）预报国务院决定的国家蓄滞洪区需启用或重要堤防弃守、破堤泄洪； （5）地震等自然灾害造成水利工程出现险情需要启动洪水防御Ⅰ级应急响应的情况。

表 2-5　　　　　　　　　　洪水防御应急响应启动流程

响应级别	提出建议	报批对象	启动决策者
Ⅳ级	防御司	防御司司长	防御司司长
Ⅲ级	防御司	分管副部长	防御司司长
Ⅱ级	防御司	部长或分管副部长	分管副部长
Ⅰ级	防御司	部长	部长

3. 应急响应行动

根据《水利部水旱灾害防御应急响应工作规程》，洪水防御应急响应行动主要包括9个方面的机制：会商机制、文件下发和上报机制、调度指挥机制、工作组和专家组派出机制、预测预报机制、洪水预警发布机制、信息报送机制、宣传报道和信息发布机制以及抢险技术支撑及对外联络机制。根据应急响应级别的不同，采取不同的应急响应行动。表2-6为工作组和专家组派出机制详细内容。

4. 应急响应终止

视汛情变化，应急响应级别终止或降低洪水防御和相应级别的流程见表2-7。

表 2-6　　　　　　　洪水防御应急响应工作组和专家组派出机制

机制	应急响应 级别	内　　容
工作组和 专家组 派出机制	Ⅳ级	根据需要于应急响应启动后 24 小时内，派出工作组或专家组赴一线，协助指导地方开展洪水防御工作。
	Ⅲ级	根据需要于应急响应启动后 18 小时内，派出工作组或专家组赴一线，协助指导地方开展洪水防御工作。
	Ⅱ级	根据需要于应急响应启动后 12 小时内，派出部领导或总师带队的工作组赴一线，协助指导地方开展洪水防御工作，同时派出专家组加强技术指导。
	Ⅰ级	根据需要于应急响应启动后 8 小时内，派出部领导带队的工作组赴一线，协助指导地方开展洪水防御工作，同时派出专家组加强技术指导。

表 2-7　　　　　　　应急响应终止或降低应急响应级别流程

应急响应级别	提出建议	报批对象
Ⅳ级	防御司	防御司司长
Ⅲ级	防御司	分管副部长
Ⅱ级	防御司	部长或分管副部长
Ⅰ级	防御司	部长或分管副部长

二、干旱防御应急响应

1. 应急响应等级划分标准

根据《水利部水旱灾害防御应急响应工作规程》，干旱防御应急响应按照表 2-8 所列标准进行划分。

2-9　　▶
干旱应急响应

表 2-8　　　　　　　干旱防御应急响应等级划分标准

响应级别	判别依据（出现下列情况之一，即定为相应级别干旱防御应急响应）
Ⅳ级	（1）预报 2 个及以上省（自治区、直辖市）可能同时发生轻度干旱（农业旱情或城乡居民因旱临时性饮水困难情况达到轻度干旱等级）或 1 个省（自治区、直辖市）可能发生中度干旱（农业旱情或城乡居民因旱临时性饮水困难情况达到中度干旱等级）； （2）预报 2 座大中型城市可能同时发生轻度干旱或 1 座大中型城市可能发生中度干旱； （3）七大流域中某一流域多个江河湖库重要控制站水位（流量）低于旱警水位（流量）； （4）其他需要启动干旱防御Ⅳ级应急响应的情况。

续表

响应级别	判别依据（出现下列情况之一，即定为相应级别干旱防御应急响应）
Ⅲ级	（1）预报2个及以上省（自治区、直辖市）可能同时发生中度干旱（农业旱情或城乡居民因旱临时性饮水困难情况达到中度干旱等级）或1个省（自治区、直辖市）可能发生严重干旱（农业旱情或城乡居民因旱临时性饮水困难情况达到严重干旱等级）； （2）预报2座大中型城市可能同时发生中度干旱或1座大中型城市可能发生严重干旱； （3）七大流域中某一流域多个江河湖库重要控制站水位（流量）低于旱警水位（流量），且有发展趋势； （4）其他需要启动干旱防御Ⅲ级应急响应的情况。
Ⅱ级	（1）预报2个及以上省（自治区、直辖市）可能发生严重干旱（农业旱情或城乡居民因旱临时性饮水困难情况达到严重干旱等级）或1个省（自治区、直辖市）可能发生特大干旱（农业旱情或城乡居民因旱临时性饮水困难情况达到特大干旱等级）； （2）预报2座大型及以上城市可能发生严重干旱或1座大型及以上城市可能发生特大干旱； （3）七大流域中某一流域多座供水大型水库水位低于死水位； （4）其他需要启动干旱防御Ⅱ级应急响应的情况。
Ⅰ级	（1）预报2个及以上省（自治区、直辖市）可能发生特大干旱（农业旱情或城乡居民因旱临时性饮水困难情况达到特大干旱等级）； （2）预报2座大型及以上城市可能发生特大干旱； （3）其他需要启动干旱防御Ⅰ级应急响应的情况。

2. 应急响应启动

根据旱情发展变化，当出现符合干旱防御各级应急响应条件的事件时，视应急响应级别决定启动干旱防御相应级别应急响应。启动干旱防御应急响应的流程见表2-9。

表 2-9　　　　　　　　　　干旱防御应急响应流程

响应级别	提出建议	报批对象
Ⅳ级	防御司	防御司司长
Ⅲ级	防御司	分管副部长
Ⅱ级	防御司	部长或分管副部长
Ⅰ级	防御司	部长

3. 应急响应行动

根据《水利部水旱灾害防御应急响应工作规程》，干旱防御应急响应行动主要包括8个方面的机制：会商机制、文件下发和上报机制、调度指挥机制、工作组和专家组派出机制、预测预报机制、预警发布机制、信息报送机制、宣传报道以及信息发布机制。根据应急响应级别的不同，采取不同的应急响应行动。表 2-10 为工作组和专家组派出机制详细内容。

表 2-10　　　干旱防御应急响应工作组和专家组派出机制

机制	应急响应级别	内容			
		工作组带队领导	工作职责	工作情况汇报对象	专家组派出
工作组和专家组派出机制	Ⅳ级	司局级	察看农作物受旱和城乡居民临时性饮水困难情况，审查应急水量调度方案和供水保障方案，督促指导旱区做好应急水量调度、应急水源工程建设等旱灾防御工作。	防御司司长	适时派出相关专业专家组，分析旱灾原因，有针对性地指导地方开展应急水量调度、应急供水保障等工作。
	Ⅲ级	司局级		分管副部长	
	Ⅱ级	部领导或总师		部长、分管副部长	
	Ⅰ级	部领导		部长、分管副部长	

4. 应急响应终止

视旱情变化，应急响应级别终止或降低干旱防御和相应级别的流程见表 2-11。

表 2-11　　　应急响应终止或降低应急响应级别流程

应急响应级别	提出建议	报批对象
Ⅳ级	防御司	防御司司长
Ⅲ级	防御司	分管副部长
Ⅱ级	防御司	部长或分管副部长
Ⅰ级	防御司	部长或分管副部长

拓展阅读　　2021 年河南省水旱灾害应急响应

在实际工作中，每个省根据预案自行发布应急响应等级。

2021 年 7 月 18 日 8 时至 21 日 2 时，河南省部分地区普降暴雨、特大暴雨，监测到最大点雨量在荥阳环翠峪雨量站为 854mm，尖岗 818mm，寺沟 756mm，重现期均超 5000 年一遇。据气象预测，河南省强降雨过程仍将持续。

2021 年 7 月 21 日，河南省水利厅办公室发布了题为"我省启动水旱灾害防御Ⅰ级应急响应"的水利要闻。按照《河南省水利厅水旱灾害防御应急预案》有关规定，河南省水利厅决定自 2021 年 7 月 21 日 2 时 30 分起，将河南省水旱灾害防御Ⅱ级应急响应提升为Ⅰ级应急响应。水旱灾害防御Ⅰ级应急响应是在水旱灾害发生后发布的应急响应。

河南省水利厅要求，各有关单位要在省委省政府的坚强领导下，切实履行好监测预报预警、水工程调度、抢险技术支撑等职责，确保水库大坝和堤防工程安全，强化山洪灾害防御，有序组织群众转移避险，全力以赴做好洪水防御工作，确保人民群众生命财产安全。

第四节　水旱灾害防御安全面临的挑战和问题

一、防洪安全面临的挑战和问题

2-10
防洪安全面临
的挑战和问题

中华人民共和国成立以来，经过几十年的建设，我国防洪减灾能力显著提升，大江大河防洪体系逐步完善。尤其是党的十八大以来，长江流域重要蓄滞洪区建设、黄河下游防洪工程等一批流域防洪骨干工程加快实施；病险水库除险加固加快实施，我国新增库容 1051 亿 m^3；新增 5 级以上堤防 5.65 万 km；大江大河基本建成以堤防为基础、江河控制性工程为骨干、蓄滞洪区为主要手段、工程措施与非工程措施相结合的防洪减灾体系，在保障人民群众生命财产和重大基础设施安全方面发挥了重要作用。但与新形势、新要求相比，仍存在中小河流、病险水库、山洪灾害等突出薄弱环节，城市内涝、台风灾害等极易造成严重损失。防洪安全主要面临以下挑战和问题。

1. 极端暴雨及超标准洪水的威胁

据政府间气候变化委员会（IPCC）第六次评估报告显示，近 10 年（2011—2020 年）全球陆地和海洋表面温度平均温升相比工业化前增高了 1.09℃，气温升高导致全球冰川消融，海洋蒸发加剧，强化了水循环；地球大气每升温1℃，就能够吸收 7% 的水蒸气，并在日后形成降水。气候变化条件下，极端暴雨、台风等频发，与气候变暖关系密切，变暖会导致大雨增加，进而导致更频繁、更具破坏性的洪水事件。超标洪水发生有其必然性，发生时间有其不确定性，具有"黑天鹅"和"灰犀牛"的双重属性。我国大江大河防御体系能够防御中华人民共和国成立以来最大洪水，但是如果发生超过现状防御标准的洪水，仍可能严重影响经济社会发展甚至社会稳定。如 2021 年河南发生"7·20"特大暴雨灾害，因灾死亡失踪 398 人，造成直接经济损失 1200.6 亿元。在气候变化条件下，极端暴雨和超标准洪水仍然威胁着我国的防洪安全。

2. 流域防洪体系还不完善

尽管大江大河防洪体系逐步完善，但目前防洪体系存在的短板和薄弱环节仍不容忽视，如蓄滞洪设施建设等需要进一步完善。大部分中小河流未经过系统治理，整体防洪标准较低，防洪能力仍然较低，缺乏相应的防洪设施，防洪压力较大，出现了"大型水利工程固若金汤，局地受灾却十分严重"现象。部分地区还未形成中小河流有效可行的长期运行管护机制，未能严格落实建后管护责任主体、管护方式、管理经费，防洪工程未能充分发挥其效益。

3. 水库安全问题日益突出

2021 年 9 月 30 日，国务院新闻办公室举行了国务院政策例行吹风会，会上指出我国水库大坝呈现"总量多、小水库多、病险水库多、土石坝多、老旧坝多、高坝多"等特点。我国现有水库 9.8 万座，是世界上水库大坝最多的国家，我国现有水库中 95％ 的水库是小型水库，自 21 世纪初，我国开展了大规模的水库除险加固工作，有力有效保障了水库的安全，但目前仍有大量病险水库存在，至 2025 年需要加固的病险水库总量预计达 1.94 万座，其中大型病险水库约 80 座，中型病险水库约 470 座，小型病险水库约 1.88 万座。我国现有的水库大坝，80％ 是 20 世纪 50—70 年代修建的，其中 92％ 是容易溃坝和出险的土石坝。全世界已建成或在建的 200m 以上的高坝有 99 座，我国有 35 座，排第一位。此外，小型水库监测设施有待完善，病害检测、加固材料及工艺等水库安全保障技术支撑能力仍显不足。小水库、病险水库、土石坝和老旧坝叠加，再加上我国近年来暴雨等极端天气的增加，致使水库安全问题面临严峻的风险和挑战。

4. 山洪灾害防御难度依然较大

2006 年国务院批复的《全国山洪灾害防治规划》，首次提出了工程措施和非工程措施相结合的治理思路，明确了山洪灾害防治区的范围。从 2009 年开始，我国近年山洪灾害防治项目建设分为三期实施，随着技术不断更新，充分利用"互联网＋"和大数据等新技术，目前已经建成了省市县级山洪灾害监测预警平台、自动监测体系和群测群防体系相结合的山洪灾害防御体系，防御山洪地质灾害的能力有显著增强，防洪减灾体系薄弱环节的突出问题得到基本解决，已建山洪灾害防治体系发挥了显著成效，人员伤亡大幅减少。

山洪灾害一直是洪涝灾害中导致人员伤亡的最主要原因。我国山洪灾害点多面广，涉及 2076 个县、386 万 km^2、约 3 亿人，其中直接受威胁人口近 7000 万人，洪涝灾害人员伤亡中有 70％ 都是由山洪灾害造成的。极端暴雨、极端高温仍是全球共同面临的难题，这种极端天气科学机制形成非常复杂，再落实到数值预报中，仍缺少有效手段进一步解决，这是科学界正在着手攻克的难关。在天气预报中，暴雨预报被公认为世界性难题。我国相比于其他在预报方面比较发达的国家，山地和丘陵较多，地理环境也比较复杂，所以山洪灾害预报的难度更大。山洪灾害分布广泛、发生频繁、突发性强、预测预防难度大、成灾快、破坏性强的特性依然没有变化。而极端性暴雨和明显强对流天气涉及的地区，正面临公共安全体系的大考，应考重点无疑是补好本地区的防灾短板，哪里有薄弱环节或安全漏洞，哪里就容易发生突发情况，山洪灾害防御难度依然较大。

5. 城市排涝能力不足

随着城市化进程推进，城市内人口、重要基础设施等集聚，城市防洪保护圈扩大，原有的城市防洪体系已不能满足防洪保安要求。同时城市化建设导致一些自然排水体系被破坏、调蓄水体空间被侵占，存在下垫面硬化严重、下渗能力降低、排涝设施建设滞后等问题，应对类似郑州"7·20"特大暴雨排涝能力严重不足。

6. 防洪应急能力薄弱

一些流域多年未发生大洪水，少数干部群众对暴雨洪水的致灾性认识不足，缺乏防汛抗洪实战经验，防灾避险意识和能力有待增强。

农村和贫困地区是防洪应急的最薄弱环节，缺乏防灾备灾的理念，对洪水灾害存在侥幸。基层防洪应急力量弱，农村和贫困地区又是灾害多发易发区域，自然灾害防治水平相对比较低，洪水来临时，群众自救能力相对不足。

二、抗旱安全面临的挑战和问题

2-11
抗旱安全面临
的挑战和问题

1. 极端干旱频发

在全球变暖背景下，全球极端天气事件日益频发，作为全球气候变化的敏感区，近年来中国极端天气事件也明显增加。近年来，我国多次出现高温、干旱等异常、极端天气和灾害。2021年4月29日，中国气象局召开5月新闻发布会时指出，在全球气候变暖背景下，未来极端天气气候引发的灾害将趋多趋强，干旱等灾害风险加剧，预计到2024年前后将至少有一半以上的夏季可能出现长时间高温热浪，到21世纪末高温热浪的数量可能增加3倍，受干旱影响的农田面积可能会增加1.5倍以上，全球气候变暖及极端气候事件多发对粮食生产、水资源、生态系统、人类健康等自然系统和人类经济社会发展产生了重要影响，未来气候变化可能导致更广泛的影响和风险。

2. 影响粮食安全

干旱会导致因土壤水分不足，农作物水分平衡遭到破坏而减产或歉收，从而带来粮食问题。2022年夏天，我国遭遇了极端热浪袭击，干旱严重影响了我国大片地区的粮食和工业生产、电力供应以及交通运输。作为亚洲最长河流长江，从上海沿岸一直到中国西南部的四川省，成为受灾最严重的地区，有数亿人受影响。2022年中国最大的两个淡水湖——连接长江的鄱阳湖和洞庭湖，出现了自1951年有记录以来的最低水位。作为中国东部最大的淡水湖，鄱阳湖在2022年8月6日水位降低至12m，意味着比往年平均提前约100天进入旱季。罕见干旱严重影响了我国大片地区的粮食生产，给保障粮食安全带来更多考验。

3. 影响居民饮水安全

持续干旱容易造成河湖水库水位降低，甚至干涸。对集中供水地表水源而言，当水位低到一定程度时，将影响正常的供水。对地势较高、距离偏远和引山泉水为水源的地区和小型农村供水工程很有可能出现饮水相当困难的情况。如2022年入伏后，由于降水不足和持续高温的影响，湖南省慈利县多个乡镇干旱，部分乡村水池、水井已干枯见底，自来水也出现了停水的现象，群众日常生活用水成了困难。

4. 造成生态环境退化

干旱造成湖泊、河流水位下降，部分河流干涸和断流，造成生态环境退化。由于干旱缺水造成地表水源补给不足，只能依靠大量超采地下水来维持居民生活和工农业发展，而超采地下水又导致了地下水位下降、漏斗区面积扩大、地面沉降、海水入侵等一系列的生态环境问题。

干旱导致草场植被退化。我国大部分地区处于干旱半干旱和亚湿润的生态脆弱地带，气候特点为夏季盛行东南季风，雨热同季，降水主要发生在每年的4—9月，但相比我国南方地区而言，北方地区存在着很大的空间异质性，有"十年九旱"的特点。气候环境的变迁和不合理的人为干扰活动，导致了植被严重退化，进入21世纪以后，连续几年，干旱有加重的趋势，而且是春夏秋连旱，对脆弱生态系统非常不利。此外，气候干旱加剧了土地荒漠化的进程，导致生态环境的退化。

5. 抗旱能力还需提升

自然界的干旱是否成灾，受多种因素的影响，其对农业生产的危害程度取决于人为措施。1949年以来，我国兴建了大量水利工程，大力发展了灌溉排水事业，提高了农田抗灾能力。中国人民多年来还总结了不少蓄水保墒、抗旱耕作的经验，在战胜干旱中起了一定作用。但也还存在抗旱水源不足、基础设施薄弱、渠道淤积、配套设施短缺等问题，影响供水能力。农村小微型水利设施、"微循环"等不完善，"最后一公里"还需打通。此外，旱情监测预警能力、抗旱物资储备、抗旱应急能力还需提高。

2-12
水旱灾害防御
安全保障措施

第五节　水旱灾害防御安全保障措施

防洪和抗旱安全应坚持安全第一、预防为主的原则，建立大安全大应急框架，完善公共安全体系，推动公共安全治理模式向事前预防转型，提高防灾减灾救灾和重大突发公共事件处置保障能力十分必要。党的二十大报告明确提出要提高公共安全治理水平，因此，应深入贯彻落实习近平总书记提出的"两个坚持，三个转变"的防灾减灾理念，始终牢记"国之大者"，统筹发展与安全，始终树立总体国家安全观。经过多年建设，结合各流域规划建设，我国主要江河流域已构建以水库、堤防和蓄滞洪区为架构的防洪减灾工程体系，综合采取"拦、分、蓄、滞、排"等措施防御洪水，战胜了多次流域性区域性大洪水，有力地保障了人民群众的生命财产安全和经济社会持续健康发展。虽然我国大江大河干流已基本具备防御大洪水的能力，但还存在不少短板和薄弱环节，需要科学把握水旱灾害发生规律，统筹协调上下游、干支流、左右岸关系，进一步优化流域防洪减灾布局，从工程措施和非工程措施两个方面完善防洪和抗旱安全保障措施。

一、提升河道行洪能力

防洪综合治理。要以大江大河干流堤防达标建设和重点河段河势控制为重点，开展防洪综合治理。对重要河段，按照流域防洪规划和国家规程规范等要求，可通过提升防洪标准，适时开展提标建设。因地制宜，采取加高加固和新建堤防、河道疏浚、河势控制、护岸护坡、堤顶防汛道路建设等各种措施，突出重点河段、重点区域，推动实施河道防洪治理，加强防洪减灾工程建设。保持河道畅通和河势稳定，提高泄洪能力。实施主要支流和中小河流治理，重视防洪重且存在安全隐患的乡镇、农村段的河流治理。加快实施重点山洪沟防洪治理。

行洪空间严格管控。指降低人类活动对防洪安全的不利影响，整治、管控影响防洪的行为。对河湖乱占、乱采、乱建、乱堆等各类非法侵占河湖、影响行洪的行为，应严格管理和严厉打击。河道治理工程如图2-4所示。

二、增强洪水调蓄能力

建设流域控制性水库。以提高流域洪水整体调控能力和重点地区防洪能力为目的，规划新建重要干支流控制性工程，加快实施流域控制性水库工程建

图 2-4　河道治理工程

设，进一步提升流域洪水控制能力。

优化水利工程调度。通过对流域现有水库群和其他水利工程联合优化调度，充分发挥水库拦洪削峰错峰的作用，减轻下游的防洪压力，增强洪水的调蓄能力。统筹防汛抗旱，在保障防洪安全的前提下，科学调度各类水工程，提早谋划蓄水，为抗旱储备宝贵水源。提前分析旱情对当地农业生产和群众饮水的影响，及时发布干旱预警，编制应急水量调度方案，及时应急调度补水。

防洪工程示例如图 2-5 和图 2-6 所示。

图 2-5　位于黄河干流上的小浪底水利枢纽工程

（是一座集减淤、防洪、防凌、供水灌溉、发电等为一体的大型综合性水利工程）

图 2 - 6　位于长江干流上的三峡大坝

（是迄今世界上综合效益最大的水利枢纽，正常蓄水位 175m，总库容达 393 亿 m^3，
在长江中下游防洪体系中，发挥防洪、发电、航运、养殖、旅游、南水北调、
供水灌溉等十大效益，是世界上任何巨型电站都无法比拟的）

发挥蓄滞洪区作用。蓄滞洪区是指包括分洪口在内的河堤背水面以外临时贮存洪水的低洼地区及湖泊等。其中多数历史上就是江河洪水淹没和蓄洪的场所，必须由批准的流域防洪规划或区域防洪规划确定。江河的各类蓄滞洪区，也是防洪减灾工作体系的必要组成部分。加快流域内规划的蓄滞洪区布局优化调整与建设，推进启用几率大、分洪滞洪作用明显的蓄滞洪区建设，加强蓄滞洪区管理，确保蓄滞洪区"分得进、蓄得住、退得出"，增强蓄洪能力。

三、提升城市防洪能力

加快城市防洪工程建设。应根据城市规模，按照国家标准合理确定城市防洪标准，完善城市防洪工程建设。按照城市规划，在流域调控基础上，合理规划城市防洪工程布局，形成防洪闭合圈。城市新区建设应根据洪水风险区划、河湖空间管控要求合理选址，避让洪水高风险区域。

加快城市排涝工程建设。如果说地上的城市是城市的"面子"，地下的城市就像"里子"，城市的排水防涝体系建设就好比是"里子工程"。需要合理布局雨水蓄渗空间，对接海绵城市建设，完善城市地下排水管网管廊，增强城市蓄洪能力（图 2 - 7），同时加强城市河湖水系连通和河道清淤整治，提升城市雨水自排能力。合理确定排涝标准，规划建设和更新改造排涝泵站，进一步提升城市排涝能力，降低内涝风险。

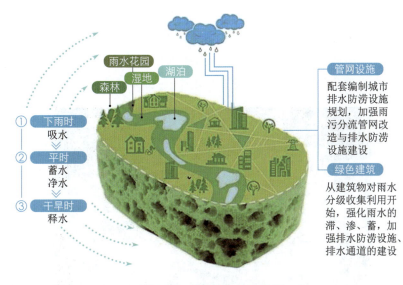

图 2-7　海绵城市示意图

四、提升水利工程安全运行能力

强化水利工程运行管理。确保水库水闸、堤防泵站等水利工程安全运行，是防洪安全的重要保障。2022年3月，水利部出台《关于推进水利工程标准化管理的指导意见》《水利工程标准化管理评价办法》及其评价标准等文件，确定了主要目标是：2025年年底前，除尚未实施除险加固的病险工程外，大中型水库全面实现标准化管理，大中型水闸、泵站、灌区、调水工程和3级以上堤防等基本实现标准化管理；到2030年年底前，大中小型水利工程全面实现标准化管理。因此要加强水利工程运行管理，强化实施标准化管理等措施，确保运行安全。

开展水利工程安全隐患排查。为保障水利工程安全运行，要常态化开展水利工程安全隐患排查，锚定"人员不伤亡、水库不垮坝、重要堤防不决口、重要基础设施不受冲击"的目标，汛前必须完成辖区内所有水库、水闸和堤防工程隐患排查工作，重点针对工程关键部位的安全隐患和管理薄弱环节进行排查，并消除安全隐患。一时无法消除的，要采取措施，控制运行，确保安全度汛。汛期，特别是堤防超过警戒水位，水库达到汛限水位，要按照防汛要求进行堤防、水库巡查，及时发现和处置险情，确保水利工程度汛安全。

实施水利工程除险加固。实施病险水库水闸和堤防等水利工程的除险加固，有利于新增和恢复防洪库容，增强流域干支流洪水调蓄能力，助力防洪减灾。需要加强水利工程运行观测，对存在安全隐患的，及时开展安全鉴定，科学组织论证，尽快实施除险加固。对病险程度较高、防洪较重的水利工程，特别是水库和堤防工程，要抓紧实施除险加固。据2021年统计，我国已建各类水库9.8万座，其中病险水库1.94万座，需要加快实施除险加固。

水库、堤防除险加固工程如图2-8和图2-9所示。

图2-8 病险水库除险加固

图2-9 河道堤防除险加固

五、提升监测预报预警能力

提升流域洪水预报预警能力。建设水文气象监测站网，匹配分析流域内主要支流不利洪水组合情况，根据雨、水、工情实况和暴雨、洪水预报，加快构建具有"四预"（预报、预警、预演、预案）功能的智慧水利体系，建立流域洪水精准预报和水利工程动态调度模型，提升洪水精准预报预警能力。

提升山洪灾害监测预警能力。优化自动监测站网布局，山洪地质灾害易发区要重点加强山洪地质灾害防治和监测预警预报。扩大预警预报信息覆盖面，加强监测预警平台集约化应用。指导开展群测群防体系建设，基层防汛人员培训和县乡救生设备配置，建成以监测、通信、预报、预警等非工程措施为主，非工程措施与工程措施相结合的防灾减灾体系，提高基层防汛监测预警能力，减轻山洪灾害损失。

六、增强抗旱减灾能力

增强抗旱工程建设能力。抗旱主要的工程措施有"蓄、引、提、调"四类。（蓄，即蓄水工程，通过兴建水库、塘坝和水窖等蓄水工程；引，即引水工程，是指从河道等地表水体自流引水的工程；提，即提水工程，是指从河道、湖泊等地表水或从地下提水的工程；调，即调水工程，如南水北调工程。）增强抗旱能力，需进一步完善以蓄水工程、引水工程、提水工程、调水工程等为主，大、中、小、微有机结合的水利工程体系，提升供水保障水平。因地制宜地推进一批中小型水库应急水源建设。加快水源工程供水管网渠系向乡村延伸、向灌区覆盖。优先将大中型灌区建成高标准农田，加强田间灌排工程与灌区骨干工程的衔接配套，解决好农田灌排"最后一公里"问题，加快形成从水源到田间的完整灌排体系，提升排涝降渍和灌溉能力，实现旱能灌、涝能排。因地制宜实施当家塘、储水窖等农村小型水源工程及其配套设施建设。有必要的地区结合可实际情况组织实施人工增雨。

强化灌溉用水调度。充分挖掘现有水利工程设施调蓄能力和供水潜力，结合相关引调水工程，建立大中型灌区灌溉台账，合理预判灌区需水量变化趋势，根据天气、土壤墒情、作物生长等情况，及时判断旱情，编制抗旱保供水预案，统筹考虑作物类型、灌溉需求、水源配置及预期来水情况，调整灌溉供水用水方案，精心调度，精准灌溉，应尽最大程度保障灌溉用水需求，做到大旱之年无大灾。

提升抗旱应急保障。面对因严重干旱或突发事件所造成的城乡生活、工农业生产和生态环境等问题，流域、区域需统一调度应急水量，提升抗旱服务能力，采取临时调水、新开辟水源、延伸管网、分时供水、拉水送水等措施，确保农村群众饮水安全，保障规模化养殖牲畜基本饮水需求。

七、提升水旱灾害防御管理能力

压实防御工作责任。建立分级负责的水旱灾害防御责任制，压实各级管理部门、各类管理人员的责任，做到指挥到位、值守到位、调度执行到位、查险处险到位、保障服务到位，从制度上保障灾害防御工作运行有序，确保防洪抗旱安全。

完善防御工作预案。针对可能出现的超标准洪水，及由此引发的工程失事和变化的流域情况，应开展对应的预案研究并制定防御超标准洪水预案，提出灾前、灾中、灾后阶段可行性的减灾对策。动态修编水旱预案、流域性洪水调度方案、超标准洪水防御方案等，结合水情开展流域防洪规划修编。

加强防御风险管理。强化水旱灾害风险识别，深入开展水旱灾害风险普查和隐患调查，摸清底数，建立清单。开展洪水风险区划，确定洪水风险区和风险等级，加强洪水风险图成果应用，实施分类管理。健全蓄洪运用机制，探索蓄滞洪区空间利用新模式，完善蓄洪运用补偿和生态补偿机制。

提升应急处置能力。完善水旱灾害防御指挥系统，提高防汛抗旱调度决策的科学性和时效性。加强防灾减灾知识宣传和科普教育，开展防灾减灾知识宣传和科普教育，提升公众防洪应急能力，强化全民防灾意识。加强应急队伍现代化建设，运用新手段、新技术、新装备，武装专业应急救援队伍力量，精准部署、协调联动，提升专业应急处置能力。加强防洪预案演练，增强居民应急避险和自救互救能力，鼓励公众有序参与抗洪抢险，强化社会抗洪应急合力。

第六节 案 例 分 析

任务导引： 以 2021 年 7 月 20 日郑州特大暴雨为例，对防洪存在的问题进行分析，引导学生提高对防洪安全的认识。

背景介绍： 7 月 17 日至 23 日，河南省遭遇历史罕见特大暴雨。降雨过程 17 日至 18 日主要发生在豫北（焦作、新乡、鹤壁、安阳）；19 日至 20 日暴雨中心南移至郑州，发生长历时特大暴雨；21 日至 22 日暴雨中心再次北移，23 日逐渐减弱结束。过程累计面雨量鹤壁最大 589mm、郑州次之 534mm、新乡第三 512mm；过程点雨量鹤壁科创中心气象站最大 1122.6mm、郑州新密市白寨气象站次之 993.1mm；小时最强点雨量郑州最大，发生在 20 日 16 时至 17 时（郑州国家气象站 201.9mm），鹤壁、新乡晚一天左右，分别发生在 21 日 14 时至 15 时（120.5mm）和 20 时至 21 时（114.7mm）。特大暴雨引发河南省中北部地区严重汛情，12 条主要河流发生超警戒水位以上洪水。全省启用 8 处蓄滞洪区，共产主义渠和卫河新乡、鹤壁段多处发生决口。新乡卫辉市城区受淹

2-13
郑州 2021 年
特大暴雨

长达 7 天。

这次特大暴雨是在西太平洋副热带高压异常偏北、夏季风偏强等气候背景下，同期形成的 2 个台风汇聚输送海上水汽，与河南上空对流系统叠加，遇伏牛山、太行山地形抬升形成的一次极为罕见特大暴雨过程，对河南全省造成严重冲击。强降雨在郑州市自西向东移动加强，河流洪水汇集叠加，加之郑州地形西南高、东北低，属丘陵山区向平原过渡地带，造成外洪内涝并发，灾情极为严重。郑州市的雨情汛情灾情主要有以下特点：

一是暴雨过程长范围广总量大，短历时降雨极强。17 日 8 时至 23 日 8 时，郑州市累计降雨 400mm 以上面积达 5590km^2，600mm 以上面积达 2068km^2。这轮降雨折合水量近 40 亿 m^3，为郑州市有气象观测记录以来范围最广、强度最强的特大暴雨过程。最强降雨时段为 19 日下午至 21 日凌晨，20 日郑州国家气象站出现最大日降雨量 624.1mm，接近郑州平均年降雨量（640.8mm），为建站以来最大值（189.4mm，1978 年 7 月 2 日）的 3.4 倍。

二是主要河流洪水大幅超历史，堤防水库险情多发重发。郑州市贾鲁河、双洎河、颍河等 3 条主要河流均出现超保证水位大洪水，过程洪量均超过历史实测最大值。全市 124 条大小河流共发生险情 418 处，143 座水库中有常庄、郭家咀等 84 座出现不同程度险情，威胁下游郑州市区以及京广铁路干线、南水北调工程等重大基础设施安全。

三是城区降雨远超排涝能力，居民小区公共设施受淹严重。此次极端暴雨远超郑州市现有排涝能力和规划排涝标准，郑州市主城区目前有 38 个排涝分区，只有 1 个达到了规划排涝标准，部分分区实际应对降雨能力不足 5 年一遇（24 小时降水量 127mm），即使达到规划排涝标准也不能满足当天降雨排涝需要，20 日郑州城区 24 小时面平均雨量是排涝分区规划设防标准的 1.6～2.5 倍。主城区 20 日午后普遍严重积水，路面最大水深近 2.6m，导致全市超过一半（2067 个）的小区地下空间和重要公共设施受淹，多个区域断电断水断网，道路交通断行。

四是山丘区洪水峰高流急涨势迅猛，造成大量人员伤亡。郑州西部山丘区巩义、荥阳、新密、登封 4 市山洪沟、中小河流发生特大洪水，涨势极为迅猛。因河流沟道淤堵萎缩，许多房屋桥梁道路等临河跨沟建设，导致阻水壅水加剧水位抬升，路桥阻水溃决洪峰叠加破坏力极大。荥阳市崔庙镇王宗店村山洪沟 15min 涨水 2.4m，下游 6km 处的崔庙村海沟寨水位涨幅 11.2m。山丘区 4 市有 44 个乡镇、144 个村因灾死亡失踪 251 人（占郑州市 66.1%），其中直接因山洪、中小河流洪水冲淹死亡失踪 156 人，时间高度集中在 20 日 13 时至 15 时。

要点分析与启示

河南郑州"7·20"特大暴雨强度和范围突破历史纪录，远超出城乡防洪排涝能力，全市城乡大面积受淹，城镇街道洼地积涝严重、河流水库洪水短时猛涨、山丘区溪流沟道大量壅水，形成特别重大自然灾害。

1. 洪涝灾害的形成原因分析

气候变化条件下，极端暴雨造成特大洪涝灾害时有发生，往往给人民群众生命财产造成重大损失，威胁重大基础设施安全。

极端暴雨是形成本次洪涝灾害的主要原因。此次降水过程有 5 个特点：持续时间长、累积雨量大、强降水范围广、强降水时段集中、具有极端性。

2. 洪涝灾害的类型分析

郑州"7·20"事件为城市暴雨内涝型洪涝灾害。此次极端暴雨远超郑州市现有的排涝能力和规划排涝标准，城市排涝基础设施建设严重滞后，排涝能力严重不足，是造成此次重大事故的重要原因。

防治城市暴雨内涝型洪涝灾害的根本途径是提高并保障基础排涝设施的排涝能力。

3. 山洪灾害的特性分析

山洪灾害的特点包括：季节性强，频率高；来势迅猛，成灾快；破坏性大，危害严重；区域性明显，易发性强。山洪灾害是造成重大人员伤亡的主要因素，还毁坏农田、铁路、公路等基础设施，威胁城镇和村庄的安全。

 拓展思考

1. 遇到山洪灾害，怎样进行自救？
2. 如何保障防洪安全？

 作业与思考

一、判断题

1. 防洪安全关系到国家的长治久安，但对我们的生活影响甚微。（　　　）
2. 洪涝问题多发生在山区，不会出现在城市尤其是大城市。（　　　）

3. 干旱可发生在世界的任何地方。（　　）

4. 长江流域没有干旱事件。（　　）

5. 某地存在干旱情况，就一定会引发旱灾。（　　）

6. 依据气象干旱综合指数划分，气象干旱等级可以分出 5 级。（　　）

二、单项选择题

1. 东南沿海城市多发生（　　）型洪涝灾害。

A. 内涝型　　　　B. 风暴潮海啸型　　　C. 外洪型　　　D. 风暴潮

2. 《中华人民共和国水法》《中华人民共和国河道管理条例》均明确规定：在行洪、排涝河道和航道范围内开采沙石，（　　）报经河道主管部门批准，按照批准的范围和作业方式开采。

A. 必须　　　　　B. 不需要　　　　　C. 根据需要

3. 遇到洪水，错误的做法是（　　）。

A. 抓住门板、木板、轮胎等漂浮物

B. 想办法爬上墙头或附近的大树等待救护

C. 跳下水游泳去安全的地方

D. 大声呼救，并且挥舞颜色鲜艳的衣服引起人们的注意

4. 我国水情预警信号分为洪水、枯水两类，依据洪水量级、枯水程度及其发展态势，由低至高分为（　　）个等级，依次用（　　）表示。

A. 2，蓝色、红色

B. 3，蓝色、橙色、红色

C. 4，蓝色、黄色、橙色、红色

D. 5，蓝色、黄色、橙色、红色、褐色

三、多项选择题

1. 洪涝灾害通常指因降雨、融雪、冰凌、溃坝（堤）、风暴潮、热带气旋等造成的（　　）等，以及由其引发的次生灾害。

A. 江河洪水　　　B. 滑坡和泥石流　　　C. 溃涝　　　D. 山洪

2. 洪水来到时，下面哪些是正确的自救方式？（　　）

A. 受到洪水威胁，如果时间充裕，应按照预定路线，有组织地向山坡、高地等处转移

B. 已经受到洪水包围的情况下，要尽可能利用船只、木排、门板、木床等，做水上转移

C. 发现高压线铁塔倾倒、电线低垂或断折；要远离避险，不可触摸或接近，防止触电

D. 已经来不及转移时，要立即爬上屋顶、楼房高层、大树、高墙，暂时避险等待援救，不要单身游水转移

E. 洪水过后，要服用预防流行病的药物，做好卫生防疫工作，避免发生传染病

3. 水旱防御安全保障措施包括以下哪些方面？（　　　）

A. 提升河道行洪能力

B. 增强洪水调蓄能力

C. 提升城市防洪能力

D. 提升水利工程安全运行能力

E. 提升监测预报预警能力

F. 提升抗旱保障能力

G. 提升水旱灾害防御管理能力

第三章
水资源安全

　　水资源是现代经济社会发展的战略资源，支撑着经济社会的发展。因此，水资源的合理开发利用十分重要，既是实现经济社会可持续发展的重要内容，又是可持续发展理论在水资源层面的重要理论应用。生活离不开水，但随着水灾、水质污染、缺少等水资源问题频发，水资源安全问题不容忽视，建立健全的水资源保护体系关系到国民经济和社会的可持续发展。水资源的合理开发和利用必须考虑可持续发展问题，实现既要满足当代的需求，又不影响和损害到后代人的目标。

第一节　概念及相关知识

一、水资源的概念

　　根据世界气象组织（WMO）和联合国教科文组织（UNESCO）的《INTERNATIONAL GLOSSARY OF HYDROLOGY》（国际水文学名词术语）中有关"水资源"的定义，水资源是指可利用或有可能被利用的水源，这个水源应具有足够的数量和合适的质量，并满足某一地方在一段时间内具体利用的需求。广义的水资源包括海洋、地下水、冰川、湖泊、土壤水、河川径流、大气水等各种水体；狭义的水资源指上述广义水资源范围内可以恢复更新的淡水水量中，在一定技术经济条件下，可以为人们所用的淡水。

　　我国是水资源相对短缺的国家，据水利部发布的2022年度《中国水资源公报》，2022年，全国人均综合用水量为 $425m^3$，水资源的空间分布与土地、和生产力布局并不对称。以京津冀和西南诸河地区为例，"人地水"不平衡的矛盾表现尤为突出：京津冀地区水资源仅占全国1%，承载着全国2%的耕地、

8％的人口和11％的经济总量；西南诸河地区耕地仅占全国1.8％，人口仅占人口1.5％，却拥有全国21.6％的水资源。

2022年，全国水资源总量为27088.1亿 m^3，比多年平均值偏少1.9％。其中，地表水资源量为25984.4亿 m^3，地下水资源量为7924.4亿 m^3，地下水与地表水资源不重复量为1103.7亿 m^3。

2022年，全国供水总量和用水总量均为5998.2亿 m^3。其中，地表水源供水量为4994.2亿 m^3，地下水源供水量为828.2亿 m^3，其他水源供水量为175.8亿 m^3；生活用水为905.7亿 m^3，占用水总量的15.0％；工业用水为968.4亿 m^3，占用水总量的16.1％；农业用水为3781.3亿 m^3，占用水总量的63.0％；人工生态环境补水为342.8亿 m^3，占用水总量的5.7％。

与2021年相比，用水总量增加78亿 m^3，其中，生活用水减少3.7亿 m^3，农业用水增加137亿 m^3，工业用水减少81.2亿 m^3，人工生态环境补水增加25.9亿 m^3。

2022年，万元国内生产总值（当年价）用水量为49.6m^3。耕地实际灌溉亩均用水量为364m^3，农田灌溉水有效利用系数为0.572，万元工业增加值（当年价）用水量为24.1m^3，人均生活用水量（含公共用水）为176L/d（其中人均城乡居民人均用水量为125L/d。与2021年相比，万元国内生产总值用水量和万元工业增加值用水量分别下降1.6％和10.8％。

拓展阅读　　　　　　　　　　　　　　**缺水的主要类型**

资源性缺水，是指当地水资源总量少，不能适应经济发展的需要，形成供水紧张。如我国的黄河流域、海河流域、河西走廊等地人均水资源量低于500m^3/人，这些地方的缺水多属于资源性缺水。

工程性缺水，是指特殊的地理和地质环境存不住水，缺乏水利设施留不住水。如云南著名的三江（金沙江、澜沧江、怒江）并流地区，滔滔江水奔流不息，但是附近的居民却缺少生活用水和生产用水，原来是因为居民区、耕地等用水区域与江面的高差大，附近又地形陡峻，修建供水工程的难度大。还有贵州虽然年均降水量多在1000mm以上，但由于特殊的地质地貌类型，石灰岩喀斯特地貌，石灰岩容易被溶蚀形成空隙、暗河，使得修建水库难以找到合适的坝址，很多地方只能看着水流入地下，无法蓄积，在旱季又要忍受缺水之苦。这也是典型的工程性缺水。

水质性缺水，是指有可利用的水资源，但这些水资源由于受到各种污染，致使水质恶化不能使用而缺水的现象。例如2007年无锡市因太湖蓝藻暴发而引起了自来水水质变化，导致自来水无法正常饮用和使用。

水质性缺水往往发生在丰水区，是沿海经济发达地区共同面临的难题。以珠江三角洲为例，尽管水量丰富，但由于河道水体受污染、冬春枯水期又受咸潮影响，清洁水源严重不足。世界上许多人口大国如中国、印度、巴基斯坦、墨西哥、中东和北非的一些国家都不同程度地存在着水质性缺水的问题。

管理性缺水，是指配置不当、效率低而造成的缺水。其包括了空间调配不当，有的地区浪费水，有的地方喝不上水；时间调度不当，水多时浪费，水少时不够用；产业配置不当，高用水、高耗水产业被错误的布局在缺水地区，加剧了缺水地区的用水矛盾。这些都属于管理粗放，浪费或利用效率低造成的缺水。

二、水资源的利用与保护

水资源的开发利用，是改造自然、利用自然的一个方面，其目的是发展社会经济。最初开发利用的目标比较单一，以需定供。随着工农业的不断发展，逐渐变为多目的、综合、以供定用、有计划有控制的开发利用。现在各国都强调在开发利用水资源时，必须考虑经济效益、社会效益和环境效益三方面。

3-1　▶
水资源管理

水资源保护（图3-1）是指为防止因水资源不恰当利用造成的水源污染和破坏，而采取的法律、行政、经济、技术、教育等措施的总和。水资源保护的核心是根据水资源的时空分布、演化规律，调整和控制人类的各种取用水行为，使水资源系统维持一种良性循环的状态，以达到水资源的永续利用。水资源保护不是以恢复或保持地表水、地下水天然状态为目的的活动，而是一种积极的、促进水资源开发利用更合理、更科学的问题。水资源保护与水资源开发利用是对立统一的，两者既相互制约，又相互促进。保护工作做得好，水资源才能永续开发利用；开发利用科学合理了，也就达到了保护的目的。

水资源利用的范围很广，如防洪、防涝、农业灌溉、工业用水、生活用水、水能、航运、港口运输、淡水养殖、城市建设、旅游等均属于水资源利用的范围。

三、水资源承载力

如果水资源系统恰好能够支撑经济社会系统，两者会处于一种平衡的状态［图3-2（a）］，此时的经济社会状态便是水资源所能支撑的最大规模，也即水资源承载力，在此状态下，人类在水资源开发利用过程中可能会对生态环境造成一定的破坏，但是由于自然生态系统的自我修复与调节能力，人为的或自

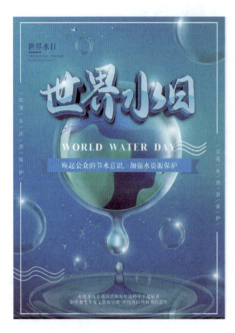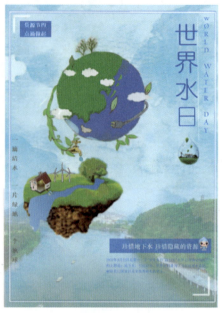

图 3 – 1　世界水日展板——保护水资源

然因素的这种干扰和影响是在一定的弹性区间内，水资源系统、生态系统与社会经济系统之间能够维持一种相互"压迫"的再平衡状态；如果水资源系统无法支撑经济社会系统，水资源系统就会处于一种超载状态［图 3 - 2（b）］，将会对生态环境系统造成一定的负面影响，很难恢复到原来的状态；如果水资源系统可以支撑经济社会系统，水资源系统就会处于一种可承载状态［图 3 - 2（c）］，这种状态有利于生态环境系统的良性循环。

四、水资源安全

目前对"水资源安全"的概念和核心要义尚没有权威准确的定义。

畅明琦认为，水资源安全基础是健康的水循环，水循环包括自然水循环与社会经济系统水循环。水资源安全是指人类的生存与发展不存在水资源问题的危险和威胁的状态。其主体包括国家、区域和"人"，即国家水资源安全与"人"的水资源安全，即广义的水资源安全与狭义的水资源安全。水资源系统是一个开放的、动态的系统，涉及自然和社会经济复合系统中的诸多子系统，人类必须与水资源系统和谐共处，合理分享水资源，水循环系统才会健康运行。水资源安全的目标是保证人类的生存与发展不因水资源的问题而受到威胁。

李原园认为，水资源安全是指水资源良性循环、永续，城乡用水得到高标

3 – 2　▶
水资源安全
概念

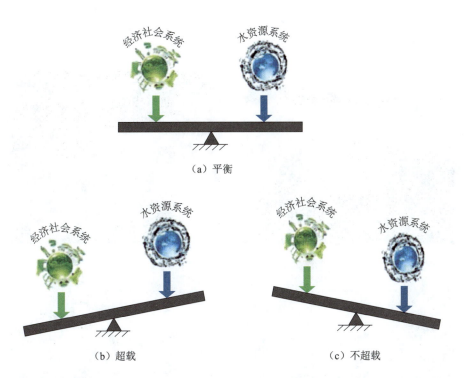

（a）平衡

（b）超载　　　　　　　　　　（c）不超载

图 3-2　水资源系统对经济社会系统的支撑情况

准保障，水环境优美宜居，水生态系统健康，水事矛盾能够有效化解，重大水资源安全风险挑战可有效应对，经济社会和生态系统可持续发展的水资源保障能力处于没有危险和不受威胁的状态。从水资源安全概念内涵分析，其基本特征应包含以下几个维度：一是保障资源安全。核心是维持资源的永续优质保障，确保水资源较充足、有冗余、有储备。二是保障供水安全。水源供给达到稳定、可靠、及时、清洁、足量、安全的高标准、高保障率，同时供水体系具有一定的韧性，能应对非常态情况。三是保障水生态环境安全。表现为人类生产生活和健康幸福等方面不受水生态破坏与水环境污染等影响，实现人水和谐。四是水事矛盾规避。表现为涉水事务矛盾能够得到有效防范和化解，明确水事行为规范，化解水事纠纷，缓解水事矛盾。五是妥善应对风险。应对水资源极端事件和情况时，能最大程度预防和减少突发和不利水资源风险事件及其造成的损害和影响以及对社会经济的冲击。

综合起来可以看出，水资源安全的目标是保障国家或区域利益不因水资源短缺、洪水灾害、水质污染、水环境破坏等造成严重损失，水资源的自然循环过程和系统不受破坏或严重威胁；人类生产生活和健康幸福等方面不受水资源短缺、水生态破坏与水环境污染等影响，实现人水和谐。水资源安全从水资源自身属性思考，其内涵应包括水量安全、水质安全；水资源安全从用途可以分

为农业用水安全、工业用水安全、生态用水安全和生活用水安全，如图 3 – 3
所示。

图 3 – 3　水资源安全

3 – 3
水资源利用
与保护安全

五、用水安全

1. 农业用水安全

农业是国民经济的基础性产业，是用水量最多和水资源占用比重最大的
行业。

农业用水包括耕地和林地、园地、牧草地灌溉用水，鱼塘补水及禽畜用
水。农业灌溉用水量受用水水平、气候、土壤、作物、耕作方法、灌溉技术以
及渠系水利用率等因素的影响，存在明显的地域差异。由于各地水源条件、作
物品种、耕植面积不同，用水量也不尽相同。农业用水过程具有其自身的特
性。农业用水时，水源自取水口取出后，依次流经干、支、斗、农等各级输水
渠道，才能够到达需要灌溉的农田，这与工业用水、生态用水和日常生活用水
有很大的不同，农业用水需要统筹规划和各级各地调度，具有路线长和历时长
的时空特征。

农业用水安全是指用于农林牧渔各子部门的水资源在水质和水量两方面都

处于安全状态，能够支撑农业在各个阶段发展规模。

党的二十大报告指出要"牢牢守住十八亿亩耕地红线，逐步把永久基本农田全部建成高标准农田""确保中国人的饭碗牢牢端在自己手中"。

《全国高标准农田建设规划（2021—2030年）》提出，到2030年建成0.8亿 hm^2 高标准农田，改造提升0.19亿 hm^2 高标准农田，以此稳定保障0.6万亿 kg 以上粮食产能。高标准农田建设，灌区高标准水利设施是基础，农业用水安全保障是关键。我国是水资源相对短缺的国家，人均水资源占有量不足 $2100m^3$，正常年份全国缺水500亿 m^3 左右，其中农业缺水300亿 m^3 左右，缺水已成为制约农业可持续发展及粮食安全的主要"瓶颈"。

2. 工业用水安全

工业用水指工、矿企业的各部门在工业生产过程（或期间）中，制造、加工、冷却、洗涤、空调、锅炉等处使用的水及职工生活用水的总称。现代工业用水系统庞大，用水环节多，不但要大量用水，而且对供水水源、水压、水质、水温等有一定的要求。

工业用水按用水用途分为生产用水和厂内生活用水，其中生产用水又可分为间接冷却水、工艺用水和锅炉用水。

水资源是工业的"血液"，对于工业产出和高质量发展有着直接影响。我国以较小的水资源消费量增长支撑了较快的工业经济增长，工业发展水资源需求总量基本保持平稳，但在部分地区、部分行业出现了较严重的水资源短缺问题，影响当地工业发展。如京津冀地区工业生产密集活跃，资源供需矛盾突出，为满足生产生活用水需求，地下水超采较为严重，已经形成了大量漏斗区。如果一个区域的水资源供给不能够满足其工业经济高质量、长远发展的要求，那么这个区域的工业用水就不安全。当水资源安全缺乏保障，工业发展的质量将有降低的风险。一方面会降低工业增长率、影响工业产品供给；另一方面也可能造成当地优势资源无法充分开发利用，限制培育壮大当地优势产业。

工业用水安全是指在工业生产过程中使用的生产用水及厂区内职工生活用水处于安全状态，水资源在水质和水量两方面都能够支撑工业的可持续发展。工业用水安全，不仅是工业高质量发展的重要举措，也是确保国家经济安全的必然要求。

3. 生活用水安全

生活用水一般是指人们因生活需要而耗用的水，包括城镇生活用水和农村生活用水。城镇生活用水由居民用水和公共用水（含服务业、餐饮业、货运邮电业及建筑业等用水）组成。农村生活用水除居民生活用水外还包括牲畜用水

3-4

城乡饮水安全

在内。生活用水安全是指水量和水质能够满足人们因生活所需耗用水资源的各种要求。城镇居民生活用水采用集中供水方式，城市供水是重要的民生工程，事关人民群众身体健康和社会稳定。根据《2022年国民经济和社会发展统计公报》，年末全国人口141175万人，其中城镇常住人口92071万人。根据《2022年中国城市建设状况公报》，2022年，全国城市供水总量674.41亿 m^3，人均日生活用水量184.73升，供水普及率99.39%。我国城镇居民用水基本上得到保障，但也存在居民浪费用水较严重，供水管道漏损严重、水压不够，二次供水水质堪忧，应急水源不落实，供水设施安全防范需加强等不安全因素。

农村生活用水具有多样性，目前供水方式有集中供水、二次供水、分散式供水等方式。保障农村供水、守住农村饮水安全底线，事关农民民生福祉。2022年9月，中共中央宣传部举行"中国这十年"系列主题新闻发布会上，水利部农村水利水电司相关负责人表示，党的十八大以来，水利部会同各个地方大力实施农村供水工程建设，累计完成了农村供水工程投资4667亿元，解决了2.8亿农村居民的饮水安全问题，巩固提升了3.4亿农村人口的供水保障水平，农村自来水普及率达到了84%，比2012年提高了19个百分点，广大农民祖祖辈辈肩挑背驮才能吃上水的问题历史性地得到了解决。截至2022年底，全国共建成农村供水工程678万处，覆盖8.7亿农村人口，其中，集中供水工程52万处，全国农村自来水普及率为87%，规模化供水工程覆盖农村人口的比例达到56%。但由于我国国情、水情复杂，区域差异性大，部分地区还存在农村供水保障水平不高的问题。

拓展阅读　　新疆伽师县和四川省凉山州贫困人口饮水问题得到解决

据2020年8月21日 央视网消息：国务院新闻办21日举行新闻发布会，水利部负责人在发布会上指出，随着新疆伽师县和四川省凉山州7个县2.5万贫困人口饮水问题的解决，饮水安全问题最后一块"堡垒"被攻破，全国贫困人口饮水安全问题得到了全面解决。

截至2019年年底，还有2.5万贫困人口饮水问题未得到解决，全部分布在新疆伽师县和四川省凉山州7个县。新疆伽师县的特点是工程规模大，建设重。水利部会同新疆维吾尔自治区水利厅指导伽师县克服新冠病毒感染影响，优化施工方案，多开工作面，在确保工程质量的前提下，把前期耽误的工期抢回来。5月26日，工程比原计划提前1个月完工通水，这标志着新疆贫困人口饮水安全问题得到了全面解决。

四川省凉山州7个县的特点是工程处数多，监管难度大。为确保每一处工程都能如期完工，水利部3月就派员常驻现场，摸排情况。5月1日后，组建36人的督战队伍，现场工作16天，暗访了184个村6256人的饮水安全状况，对贫困村实现了全覆盖暗访核查。6月，制定专项方案，实施清单化管理，派9个人现场联合会战33天，连续4周每周召开一次调度会，针对问题，研究对策。到6月底，凉山州7个县扫尾工程全部完工，至此，全国贫困人口的饮水安全问题得到了全面解决。

4. 生态用水安全

生态用水也称生态需水、生态环境用水，是近几年随着生态环境逐渐恶化而提出的新概念。广义上说，生态用水是指维持全球生态系统水分平衡所需要的水量，比如河流、湿地等维持本身功能所需要的水量。狭义上说，生态用水是指生态系统在一定环境水平下实际消耗的水量。生态用水是维持河湖生态系统结构完整性、连通性，保护河湖生物多样性和生态功能的基础。生态用水包括两个组成部分，一部分是河道内生态用水，另一部分是人工生态环境补水。

生态用水安全是指维持生态系统水分平衡所需要的水量处于安全状态。保障生态用水安全是维护河湖生态健康、生态安全，促进人与自然和谐共生的客观需求。

生态需水量对于保护和改善生态环境具有重要作用，是指一个特定区域内的生态系统的需水量，并不是指单单的生物体的需水量或者耗水量。广义的生态需水量是指维持全球生物地理生态系统水分平衡所需用的水，包括水热平衡、水沙平衡、水盐平衡等；狭义的生态需水量是指为维护生态环境不再恶化并逐渐改善所需要消耗的水资源总量。

3-5 ▶
生态需水量

生态需水量的确定，首先，要满足水生生态系统对水量的需要；其次，在此水量的基础上，要使水质能保证水生生态系统处于健康状态。生态需水量是一个临界值，当现实水生生态系统的水量、水质处于这一临界值时，生态系统维持现状，生态系统基本稳定健康；当水量大于这一临界值，且水质好于这一临界值时，生态系统则向更稳定的方向演替，处于良性循环的状态；反之，低于这一临界值时，水生生态系统将走向衰败干涸，甚至导致沙漠化。

生态需（用）水量包括以下几个方面：

（1）保护水生生物栖息地的生态需水量。河流中的各类生物，特别是稀有物种和濒危物种是河流中的珍贵资源，保护这些水生生物健康栖息条件的生态需水量是至关重要的。需要根据代表性鱼类或水生植物的水量要求，确定一个上限，设定不同时期不同河段的生态环境需水量。

（2）维持水体自净能力的需水量。河流水质被污染，将使河流的生态环境功能受到直接的破坏，因此，河道内必须留有一定的水量维持水体的自净功能。

（3）水面蒸发的生态需水量。当水面蒸发量高于降水量时，为维持河流系统的正常生态功能，必须从河道水面系统以外的水体进行弥补。根据水面面积、降水量、水面蒸发量，可求得相应各月的蒸发生态需水量。

（4）维持河流水沙平衡的需水量。对于多泥沙河流，为了输沙排沙，维持冲刷与侵蚀的动态平衡，需要一定的水量与之匹配。在一定输沙总量的要求下，输沙水量取决于水流含沙量的大小，对于北方河流系统而言，汛期的输沙量占全年输沙总量的80％以上。因此，可忽略非汛期较小的输沙水量。

（5）维持河流水盐平衡的生态需水量。对于沿海地区河流，一方面由于枯水期海水透过海堤渗入地下水层，或者海水从河口沿河道上溯深入陆地；另一方面地表径流汇集了农田来水，使得河流中盐分浓度较高，可能满足不了灌溉用水的水质要求，甚至影响到水生生物的生存。因此，必须通过水资源的合理配置补充一定的淡水资源，以保证河流中具有一定的基流量或水体来维持水盐平衡。

无论是正常年份径流量还是枯水年份径流量，都要确保生态需水量。为了满足这种要求，需要统筹灌溉用水、城市用水和生态用水，确保河流的最低流量，用以满足生态的需求。在满足生态需水量的前提下，可就当地剩余的水资源（地表水、地下水的总和中除去生态需水量的部分）再对农业、工业和城镇生活用水进行合理的分配。同时，按已规定的生态需水水质标准，限制排污总量和排污的水质标准。

对于河流生态需水而言，除维持基本河道不断流外，其主要目标是保证河道内水体质量及鱼类等水生生物生长繁殖需求，而流量、流速、水深及流量变化幅度等水文要素均是水生生物生态敏感期的影响因子。当达不到这些要求时，为了保证生态安全，就要进行人工生态环境补水。据水利部发布的《中国水资源公报》，2022年，全国用水总量为5998.2亿 m^3，其中人工生态环境补水量为342.8亿 m^3，占用水总量的5.7％。

生态补水是做好水资源综合治理与保护体系中不可或缺的一个内容，旨在恢复河道基流，提升地下水位，增强河水自净能力，促进河道生态恢复，缓解河道周边生态恶化，进一步提升水生态环境。2021年，京津冀22条（个）河湖累计实施河湖生态补水85亿 m^3，永定河、潮白河、滹沱河、大清河、南运河等多条河流全线贯通，形成最大有水河长2355km，最大水面面积750km^2，水生生物和岸坡植被恢复良好，水质较补水前明显好转。南水北调中线工程通水以来，几年的连续补水，30 余条河流得到补充，河道重现往日的生机（图 3-4）。清澈的江水，注入沿线受水区域干渴的河床，漫过河泥干裂的缝隙，漫过河底的杂草，欢快地流向远方，滋润了土地，滋润了空气，也滋润了生存在这片土地上的所有生命体。水质清澈，波光粼粼，岸边芦苇鹭息，河底可视游鱼。补水措施改善了受水地区水体的自净能力，改善了水质，改善了水文地质条件，提高了地下水位，控制了地面下沉带来的危害，促进了受水地区的生态环境向良性方向发展。

图 3-4　南水北调工程沿线良好的水生态

第二节　水资源安全面临的挑战和问题

3-6　▶
水资源安全
面临的挑战
和问题

　　我国水资源地区分布不均，与人口、生产力布局以及土地等其他资源要素不匹配，水资源年内分配不均、年际变化大，天然来水与用水需求过程不匹配，实现水资源合理配置的难度大，水资源安全保障相较世界其他国家更具复杂性、长期性、严峻性和紧迫性。

　　经过多年建设，我国已初步形成了水资源调配与供水保障基础设施体系，以有限的水资源支撑了经济社会长期较快发展，但当前水资源安全保障能力与支撑全面建设社会主义现代化国家的要求相比仍有较大差距，水资源安全方面存在的突出问题主要体现在以下几个方面。

一、稀缺的水资源和不利的演变形势

我国属于水资源短缺国家，人均水资源量不足 2100m³。水资源与经济发展格局很不匹配，北方地区以占全国 19％的水资源量，支撑 64％的国土面积、60％的耕地和 46％的人口。全国年平均缺水量约 500 亿 m³，可持续的水资源供给与高质量需求不适配，全国 70％以上的城市群、90％以上的能源基地、60％以上的粮食主产区位于水资源紧缺地区，其中大部分地区水资源已严重超载或临界超载。水资源情势演变呈现出不利态势。依据第三次全国水资源调查评价初步成果，水资源短缺并且开发利用程度较高的海河区、黄河区和辽河区等水资源衰减突出，水资源紧缺形势进一步加剧。

二、经济社会发展对资源环境的巨大压力

庞大的人口基数与经济总量对有限的水资源构成巨大压力。党的二十大报告提出"从 2020 年到 2035 年基本实现社会主义现代化"，到 2035 年"建成现代化经济体系，形成新发展格局，基本实现新型工业化、信息化、城镇化、农业现代化"。总体来看，加快发展现代产业体系和提升城镇化发展质量会带来用水需求的刚性增长，全面推进乡村振兴和保障国家粮食安全需要保持农业农村用水持续稳定，推动绿色发展、建设美丽中国需要提高生态用水标准。今后相当长的时期内，水资源供需矛盾将愈加突出，保障水资源安全的压力越来越大。

三、低效的资源利用效率加剧了紧缺

我国用水效率与效益逐步提高，但和世界先进水平相比差距较大，部分地区用水粗放、浪费水的现象依然突出，低效率的水资源利用方式与节水型社会和生态文明建设要求不相适应，加剧了水资源短缺状况。我国万元工业增加值用水量约为英国、新加坡等节水先进国家的 4 倍，农田灌溉水有效利用系数0.568，距离 0.7～0.8 的世界先进水平还有提升空间。根据 2019 年水利部发布的节水评价指标及其参考标准，我国仍有 67％和 35％的地市，万元工业增加值用水量与耕地实际灌溉亩均用水量比相应区域省级先进值高 20％以上。同时，全国部分地区地下水供水比例较高、农业用水占比较高，如河北省 2019 年地下水供水占比约为 60％，黑龙江、宁夏、新疆等省、自治区的农业用水占比超过 80％。

四、长期累积性的水生态环境问题制约发展

我国是一个水生态较脆弱的国家，全国约 70％左右的面积属干旱半干旱

和半湿润地区，这些地区总体上水面蒸发大于或接近降水，生态环境对大规模人类活动比较敏感，且一旦破坏会引发较大的生态环境问题。多年来经济社会高强度发展对水生态系统影响不断加剧，造成的累积性问题较为严重。譬如，水土流失面积较大，年均挤占生态环境用水量约 130 亿 m^3；河道断流、湖泊湿地萎缩等问题突出；截至 2019 年，全国地下水超采量约 160 亿 m^3，累计亏损量约 3000 亿 m^3；年废污水排放量超过 750 亿 m^3，水污染问题突出。

五、变化环境加剧了水资源安全风险

受全球气候变化影响，极端天气事件增加，冰川加速融化，中国境内冰川面积在近 50 年缩小了 17.7%。气候变化加剧了水资源时空分布不确定性，增加供水保障和水旱灾害防御难度。西北部分流域水资源呈动态演变，近年来来水量偏丰，但在整个西北干旱区背景下，也会在一定程度上掩盖流域上下游之间、经济与生态之间用水竞争的矛盾，未来若进入枯水周期，水资源安全风险可能会更大。此外，不合理的经济社会活动造成人水争地现象的发生，引起河湖水沙关系发生新变化，进一步影响健康水循环过程。

六、水资源管控体系与能力尚不完备

河湖、水资源、水工程等监测体系不健全，管控能力较为薄弱。在河湖管控中，河道、岸线等"盛水的盆"监管还不到位。在水资源管控中，实际用水量、节水水平、节水标准等监管还不到位，初始水权分配和交易制度尚未建立，水资源刚性约束制度、全社会节水制度等还不健全。在水工程监管中，动态智慧化监管手段和能力还十分薄弱。

七、新发展阶段对水资源安全提出了新要求

进入新发展阶段，高质量发展是首要任务，水资源安全保障战略的制定要把提升发展质量问题摆在更为突出的位置。进入新发展阶段，建设人与自然和谐共生的现代化，要以生态优先、绿色发展为导向，着力解决好水资源安全保障中的不平衡不充分问题，把节约水资源、保护水资源放在更加突出的位置。进入新发展阶段更加需要统筹发展与安全，水资源作为重要的资源、生态和环境要素，是资源安全、生态安全的重要基础，同时事关经济安全、社会安全等领域，是总体国家安全观中的重要保障任务之一，要在总体国家安全观的视角下，制定更加综合、系统、全局的水资源安全保障策略。

第三节 水资源安全保障措施

针对水资源安全存在的问题和面临的挑战，结合新形势下水安全保障体系建设的需求，本节从全面节约用水、把水资源作为最大刚性约束、提升水资源配置能力、推动城乡供水工程建设、加快灌区现代化建设、合理使用和保护地下水六个方面提出了新时期水资源安全保障措施体系。

一、全面节约用水

（一）树立全民节水理念

我国属于缺水国家，人均水资源量严重低于世界平均水平，很多城市也面临着严重的缺水问题。尽管如此，人们在生活和生产中的水资源浪费现象仍然处处可见。我们必须要面对人均很少的水资源量与浪费成性的生活习惯之间的矛盾，也要正视生活生产对水量增长的需求和日益恶化的总体环境之间的落差。

1. 加强全民节水宣传教育

深入开展国情、水情宣传教育，推动将水资源节约保护和刚性约束制度相关内容纳入国民素质教育和干部培训及中小学教育活动，向全民普及节水知识，从观念、意识、措施等各方面把节水放在优先位置。开展世界水日、中国水周、全国城市节水宣传周等形式多样的主题宣传活动，增强全民节水意识。在学校开展节水和洁水教育，组织开展水情教育员、节水辅导员培训和节水课堂、主题班会、学校节水行动等中小学节水教育社会实践活动。推进节水教育社会实践基地建设工作。加强对市、县级节水管理队伍的培训。充分利用广播、电视、报纸、公众号、视频号等融媒体宣传水资源集约节约利用的政策制度和先进典型，广泛宣传普及节水知识，营造全社会节约保护水资源的良好氛围。

2. 倡导全民节水实践

据不完全调查，很多人生活中都知道要"一水多用"，如洗菜水浇花，洗手水拖地、冲马桶，淘米水洗菜等，但真正做到的人很少，因为觉得"多此一举"。现在人民的生活水平普遍提高了，支付水费不会成为负担，因此也产生了更多水资源浪费的现象；还有很多会议桌上的"半瓶水"被"遗弃"。要解决这些问题，我们必须清醒地面对这些现实，认真反省长久以来形成的生活习惯和发展方式。

倡导全民节水，可以组织节水型居民小区评选，组织居民小区、家庭定期开展参与性、体验性的群众创建活动。通过政策引导和资金扶持，组织高效节水型生活用水产品走进社区，鼓励百姓购买使用节水产品。开展节水义务志愿者服务，推广普及节水科普知识和产品。制作和宣传生活节水指南手册，鼓励家庭实现一水多用。鼓励各相关领域开展节水型社会、节水型单位等创建活动。

　　倡导全民节水，可以从点滴做起，自觉养成计划用水、节约用水、重复用水的良好习惯。缩短用水时间，随手关闭水龙头，做到人走水停；做到一水多用，厨房节约一盆水，浴室节约一缸水，洗衣节约一桶水，这些都是可以通过人为的主观意识和行动节约水的举手之劳，所以节水宣传推广活动需要更深入地传播到每个人的观念中去，根植在人们心中，让人们把节水当成习惯，把节水看成是值得尊重和歌颂的美德，养成像穿衣吃饭一样的习惯，潜意识里自发主动地珍视水，爱惜水，保护水。

　　倡导全民节水，人人都需要自觉肩负节水、护水责任，争当节水、护水的示范者和推动者，争做节水、护水的组织者和监督者；从自己做起，积极带头遵守节约用水、保护水环境规定，并用实际行动带动和影响身边的人共同努力，做节水的践行者，在全社会形成人人节水、爱水、护水的良好风尚和自觉行动。社会公益宣传活动见图3-5和图3-6。

图3-5　节水宣传活动

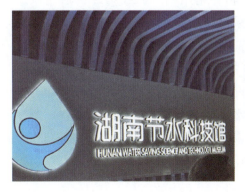

图3-6　湖南节水科技馆

拓展阅读　　　　　　　　　　　　　　　　　　　　国家节水标志

　　"国家节水标志"（图 3-7）由水滴、人手和地球变形而成。绿色的圆形代表地球，象征节约用水是保护地球生态的重要措施。标志留白部分像一只手托起一滴水，手是拼音字母"js"的变形，寓意节水，表示节水需要公众参与，鼓励人们从我做起，人人动手节约每一滴水；手又像一条蜿蜒的河流，象征滴水汇成江河。

图 3-7　国家节水标志

（二）农业节水

　　水资源短缺是制约我国农业发展的主要因素，农业发展必须以节水为根本的指导原则，强化农业节水增效，推进高效节水灌溉，加快高标准农田建设，加大渠道衬砌和田间节水工程建设力度，加快经济作物节水设施建设，发展节水农业社会化服务。

　　1. 农艺节水

　　农艺节水可采取以下措施：调整作物种植结构，如我国北方适当减少水稻、小麦等耗水量大的作物种植面积，采用耐旱品种；加强耕作覆盖，如地表增加秸秆、塑膜覆盖等；施用抗旱保水剂，抗旱保水剂又称土壤保墒剂、抗蒸腾剂，可将土壤中的雨水吸收，变为固态水而不流动、不渗失，长期保持恒湿，天旱时会缓慢释放供给作物利用，可以节省大量的灌溉用水和浇灌养护劳动力；改良耕作技术，如将坡地改造成水平等高台地，进行等高耕作，利于土壤有效积蓄雨水，减少水土流失，或作物在水平台地上采取沟垄或穴窝种植，沟底或穴内可积蓄雨水，减少雨水地表径流。

　　2. 工程节水

　　我国农业用水效率较低，灌溉输水渠系统水量损失率达 40％以上，2021

3-7
农业节水

年，我国农田灌溉水有效利用系数仅为 0.568，与发达国家 0.7～0.8 的系数还有差距，这样的用水效率会加大供求矛盾，必须强化农业节水增效，分区域规模化推进节水灌溉，结合高标准农田建设，加大田间节水设施建设力度，开展农业精细化管理，科学合理确定灌溉定额。

我国农业上常用的节水增效技术有喷灌、微灌、滴灌、低压管道输水灌溉、集雨补灌、水肥一体化、覆盖保墒、测墒灌溉等。

喷灌是借助水泵和管道系统或利用自然水源的落差，把具有一定压力的水喷到空中，散成小水滴或形成弥雾降落到植物上和地面上的灌溉方式，其具有节省水量、不破坏土壤结构、调节地面气候且不受地形限制等优点。田间的喷灌系统如图 3-8 所示。

图 3-8　田间的喷灌系统

滴灌是利用塑料管道将水通过直径约 10mm 毛管上的孔口或滴头送到作物根部进行局部灌溉。水的利用率可高达 95%，是目前干旱缺水地区最有效的一种节水灌溉方式。

3. 推进农村生活节水

加快农村集中供水、污水处理、饮水安全等工程和配套管网建设改造，整村推进"厕所革命"，积极推广节水器具，推动计量收费。

拓展阅读　　　　《"十四五"重大农业节水供水工程实施方案》

为持续提升农业灌溉用水效率和粮食综合生产能力，确保国家粮食安全，水利部、国家发展改革委于 2021 年 8 月 16 日印发了《"十四五"重大农业节水供水工程实施方案》，明确在"十四五"期间优先推进实施纳入国务院确定的150 项重大水利工程建设范围的 30 处新建大型灌区，优选 124 处已建大型灌区实施续建配套和现代化改造，预计年增粮食生产能力 57 亿 kg，粮食总产量将达到约 800 亿 kg。

3-8
工业节水
措施

（三）工业节水

2020 年，我国万元国内生产总值（当年价）用水量 57.2m³，大约是世界先进水平的 2 倍，万元工业增加值（当年价）用水量 32.9m³，万元国内生产总值用水量、万元工业增加值用水量较 2015 年分别降低 30% 和 28%。2021 年，我国万元国内生产总值（当年价）用水量、万元工业增加值（当年价）用水量分别为 51.8m³、28.2m³。

推进工业节水减排，应加强工业节水改造，提高工业冷却水水重复利用率，建立和完善循环用水系统，改革生产工艺和用水工艺，推广高效节水工艺和技术。加强工业园区用水评估，严格控制高耗水项目建设，统筹供排水、水处理及循环利用设施建设，推动企业间的用水系统集成优化，完善供用水在线监测，强化生产用水管理。部分工业节水改造工艺如图 3-9 和图 3-10 所示。

图 3-9　某化纤公司废水高效脱盐技术图

图 3-10　工业园尾水收集再利用

1. 提高冷却水重复利用率

工业用水是工业生产过程中使用的生产用水及厂区内职工生活用水的总称。生产用水主要用途是原料用水、产品处理用水、锅炉用水、冷却用水等。工业用水主要包括冷却用水、热力和工艺用水、洗涤用水。冷却水是工业用水中用水量最多的环节，提高冷却水循环利用率是一条节水减污的重要途径。应按实际供用水情况，将一个工段、一个车间、一个工厂或一个企业组成一个供水、用水、排水结合的闭路循环用水系统。把系统内生产使用过的水，经过适当处理后全部回用到原来的生产过程或其他生产过程中，只补充少量新水或经处理后的水，不排放或极少排放废水，提高水的重复利用率及利用效率，实现节水的目的。

2. 改革生产工艺和用水工艺

我国耗水量较高的产业集中在火力发电、钢铁、石油、石化、化工、造纸、纺织、食品与发酵八个行业，取水量约占全国工业总取水量的 60%（含火力发电直流冷却用水），上述行业也成了工业节水的非常重要的阵地。

　　火力发电行业节水途径可以通过提高循环冷却水的浓缩倍数，实现循环冷却水系统零排放。进行废水处理回用，如将轴承冷却水和化学冷却水等废水处理后回用。火电厂冷却塔及其结构原理如图 3-11 所示。钢铁工业节水可以推广高炉和转炉的煤气洗涤水、轧钢含油废水、酸洗废液的回收和利用技术。钢板清洗机如图 3-12 所示。化学工业节水措施可以发展小化肥厂合成塔、碳化塔冷却水的闭路循环系统、封闭式循环水系统。石油工业推广优化注水技术，减少无效注水量。对特高含水期油田，采取细分层注水，细分层堵水、调剖等技术措施，控制注水量。造纸工业发展化学制浆节水工艺，推广纤维原料洗涤水循环使用工艺系统；推广低卡伯值蒸煮、漂前氧脱木素处理、封闭式洗筛系统。纺织工业推广使用高效节水型助剂；推广使用生物酶处理技术、高效短流

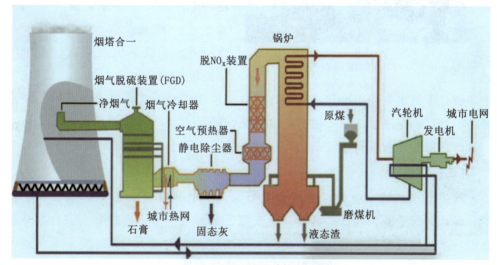

图 3-11　火电厂冷却塔及其结构原理图

程前处理工艺、短流程染色法、气流雾化染色法、数码喷墨印花技术、超临界 CO_2 流体无水染色技术、仿生染色、高温高压小浴比液流染色等工艺及设备。食品与发酵工业根据不同产品和不同生产工艺，开发干法、半湿法和湿法制备淀粉取水闭环流程工艺；推广脱胚玉米粉生产酒精、淀粉生产味精和柠檬酸等发酵产品的取水闭环流程工艺。

图 3–12　钢板清洗机

根据各行业、各项目、各工序对水质的要求，可在工序间、车间、厂区内及厂际，将多个用水工序按所需水质洁净程度，排列合理的用水次序，使上一程序的废水成为下一程序的用水，依次进行，既能满足各工序的水质要求，又可节约大量新水。例如：新水 → 间接冷却水 → 清水洗涤 → 浊水洗涤 → 简单沉淀处理后用于冲灰、市政清扫或卫生冲刷。即新水先用于冷却，温度升高后直接用清水洗涤，清水洗涤后的废水经简单处理，供浊水洗涤户使用，浊水洗涤的污水经沉淀等简单处理后，可用于冲洗输送粉煤灰或经较复杂的处理程序后用于卫生冲刷及市政清扫等。

（四）城镇节水

3–9
城镇节水
措施

推进节水型城市建设，落实各项节水基础管理制度，强化节水器具的使用，深入开展企业、社区、机关、学校等公共领域节水，推进节水型公共单位建设，严控高耗水服务业用水。在缺水地区加强非常规水利用，推动非常规水纳入水资源统一配置，积极开展再生水的综合利用，推动污水处理厂尾水深度处理后用于生态补水、市政用水等。加强城镇供水系统运行监督管理，推进供水管网分区计量管理。

1. 强化节水器具的使用

节水型生活用水器具（domestic water saving devices）是指比同类常规产品能减少流量或用水量，提高用水效率、体现节水技术的器件、用具。可以通过对现有用水设施进行节水改造，如安装节水龙头、节水马桶、喷雾式节水淋浴喷头等措施来减少耗水量。生活用水器具类型如图 3–13 和图 3–14 所示。

2. 加强非常规水资源利用

非常规水资源领域主要为中水、雨水和海水淡化，利用方向为冲厕、绿化、道路浇洒、洗车及景观用水等，如图 3–15 所示。

坐便器　　　水嘴　　　洗衣机

净水器　　　洗碗机

图 3-13　可改造生活用水器具类型

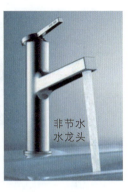

节水水龙头　　　非节水水龙头

图 3-14　节水水龙头和非节水水龙头出水流量对比

图 3-15　非常规水资源利用领域

（1）中水，也称为再生水，是指废水或雨水经适当处理后，达到一定的水质指标，满足某种使用要求，可以进行有益使用的非饮用水。和海水淡化、跨流域调水相比，再生水成本低，污水再生利用有助于改善生态环境，实现水生态的良性循环。中水回用流程示意图如图 3-16 所示。

（2）雨水资源化利用。雨水资源化利用主要分为渗透利用及集蓄利用两大类。通过构建渗透性路面、渗透性停车场及下沉式绿地、植草沟的建设，改善下垫面性质，增加截留的雨水量，补充地下水源，消纳雨水径流；通过集蓄利用设施布局，将雨水利用于道路浇洒、绿地灌溉等。

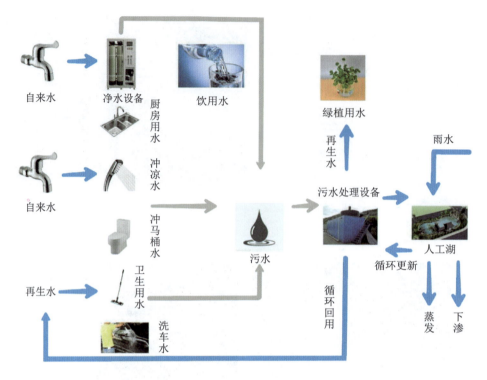

图 3–16　中水回用流程

（3）海水淡化。我国海水淡化产水成本在 5～8 元/t，相比自来水价仍偏高。需加大中央及地方政府投入，支持区域海水淡化保障等公益类海水（苦咸水）淡化民生工程以及输水管网建设；支持海水淡化装备研发制造，加快推进海水淡化反渗透膜材料及元件等核心部件和关键设备的研发应用，开展新型海水淡化关键技术研究；鼓励沿海地方政府对海水淡化水的生产运营企业给予适当补贴；探索实行政府和社会资本合作（PPP）模式，等等。

3. 降低供水管网漏损

供水是城镇建设的重要基础设施，对保证城市经济的稳定发展和人民生活水平的提高有着举足轻重的作用，漏损率是反映供水企业管理水平的重要标志之一，降低供水管网漏损率蕴藏着极大的经济效益和社会效果。需加快制定和实施供水管网改造建设实施方案，完善供水管网检漏制度；加强公共供水系统运行监督管理，推进城镇供水管网分区计量管理，建立精细化管理平台和漏损管控体系，协同推进二次供水设施改造和专业化管理。尤其重点推动管网高漏损地区的节水改造。

（五）节水管理

（1）强化节水约束管理。健全省、市、县三级规划期及年度用水总量和强度控制指标体系，强制推动非常规水纳入水资源统一配置。建立水资源安全风险评估和监测预警机制。强化水资源承载能力在区域发展、产业布局等方面的刚性约束。

（2）深化水价与水资源税改革。深入推进农业水价综合改革，同步建立农业用水精准补贴。建立健全充分反映供水成本、激励提升供水质量、促进节约用水的城镇供水价格形成机制和动态调整机制，适时完善居民阶梯水价制度，全面推行城镇非居民用水超定额累进加价制度，进一步拉大特种用水与非居民用水的价差。建立合理的水资源税制度体系，加大水资源税改革力度，发挥促进水资源节约的调节作用。

（3）完善节水标准体系。加快省级农业、工业、城镇以及非常规水利用等各方面节水标准制定和修订工作，完善用水定额体系。促进节水产品认证向绿色产品认证过渡。

（4）加强用水过程管理。健全规划和建设项目水资源论证制度，严格开展节水评价，合理确定经济布局、产业结构和发展规模。建立用水统计监测制度，加强用水计量器具管理，提高农业、工业和城镇等用水计量率。

（5）强化节水监管。引导重点用水单位定期开展水平衡测试和用水效率评估，探索建立水务经理制度。建立倒逼机制，将用水户违规记录纳入信用信息共享平台。严格实行计划用水管理，建立省、市重点监控用水单位名录。

加强用水定额在取水许可、计划用水领域的执行力度。制定水资源短缺和超载地区高耗水工业产业准入负面清单和淘汰类高耗水产业目录。建立健全各省级行政区万元国内生产总值用水量、万元工业增加值用水量等用水效率管控指标，开展国家节水行动评估工作，跟踪督导各地区节水行动方案落实情况。

在水利部办公厅印发的《"十四五"时期建立健全节水制度政策实施方案》中，明确了建立健全节水制度政策的主要目标，系统部署了各项措施。该方案要求，到2025年，初始水权分配和交易制度基本建立，水资源刚性约束"硬指标"基本建立，水资源监管"硬措施"得到有效落实，推动落实"四水四定"的"硬约束"基本形成，面向全社会的节水制度与约束激励机制基本形成，水资源开发利用得到严格管控，用水效率效益明显提升，全国经济社会用水总量控制在6400亿 m³ 以内，全国万元 GDP 用水量下降16％左右，北方60％以上、南方40％以上县（区）级行政区达到节水型社会建设标准；万元工业增加值用水量下降16％，农田灌溉水有效利用系数提高到0.58，新增高效节水灌溉面积0.6亿亩，城市公共供水管网漏损率低于9％，全国非常规水源利用量超过170亿 m³。

（6）推进节水型公共单位建设。为深入贯彻落实《国家节水行动方案》，发挥公共机构的示范带头作用，加快节水型单位建设，2019 年，国家机关事务管理局会同国家发展与改革委、水利部研究编制了《公共机构节水管理规范》，为公共机构提高其用水效率、发挥引领示范等节水工作提供了指导；为更好发挥引领示范作用，2020 年 5 月又联合印发了《公共机构水效领跑者引领行动实施方案》，在公共机构节水型单位建设工作的基础上，开展公共机构水效领跑者引领行动。方案要求相关单位要符合水计量、节水器具普及率和漏失率等技术标准要求和规章制度、节水文化等管理要求，经过申报、推荐、审核、公示与发布等流程进行评选后，授予"公共机构水效领跑者"称号（如湖南韶山灌区被确定为灌区水效领跑者）。通过已建成的节水型单位和水效领跑者引领行动，带动各级各类公共机构加强节水管理和技术改造，引导全社会增强节水意识，为建设资源节约型、环境友好型社会作出贡献。图 3-17 和图 3-18 为部分高校被授予的节水型机构牌匾。

图 3-17　节水型高校牌匾　　　　　图 3-18　节水型公共机构牌匾

3-10　◉

把水资源作为最大刚性约束

二、把水资源作为最大刚性约束

2014 年 2 月，习近平总书记在视察北京工作时，明确提出要强化水资源环境刚性约束，坚持以水定需、量水而行、因水制宜，坚持以水定城、以水定地、以水定人、以水定产（"四水四定"）。2014 年 3 月 14 日，习近平总书记在关于保障水安全讲话中，明确提出"节水优先、空间均衡、系统治理、两手发力"治水思路，再次强调城市发展要落实"四水四定"要求。2015 年，我国将"实行最严格的水资源管理制度，以水定产、以水定城，建设节水型社会"写入《中华人民共和国国民经济和社会发展第十三个五年规划纲要》。2019 年 9 月 18 日，习近平总书记在黄河流域生态保护和高质量发展座谈会上特别强调，不能把水当作无限供给的资源。2020 年 1 月 3 日，习近平总书记在中央财经委员会第六次会议上再次强调，要坚持量水而行、节水为重，坚决抑制不合理用水需求，推动用水方式由粗放低效向节约集约转变，明确要求以水而定、量水而行，把水资源作为最大的刚性约束。"四水四定"概念释义见图3-19。

图 3-19 "四水四定"

　　水资源刚性约束制度是指在"以水定需"理念指导下，在科学测算水资源承载能力的基础上，水资源刚性约束指标体系、水资源论证、用水许可以及监督管理等一系列政策措施的总称。

　　要把水资源作为众多约束性要素中最为核心的要素，任何经济活动必须首先在水资源承载能力的边界范围内运行，满足这一条件后才去考虑是否符合其他约束性条件。具体而言，就是把符合水资源承载能力这一约束条件，作为各种经济活动的首要前置条件，不符合这个条件，任何经济活动都不得进行。在江河流域水资源管理工作中，要以水而定、量水而行，合理规划人口、城市和产业发展，坚决抑制不合理用水需求。落实水资源刚性约束的要求可以从以下三个方面考虑：

　　一是要建立水资源刚性约束制度。合理控制水资源开发利用强度，保障基本生态用水，防止水资源过度开发利用；已过度开发利用的要进行治理。坚持以水而定、量水而行，国民经济和社会发展规划、国土空间规划、城市规划和产业布局规划等均应开展水资源承载能力评价和水资源论证工作。根据水资源承载能力，合理确定区域发展规模和人口上限。在水资源超载或者临界超载的地区，要停止和限制新增取水许可审批（取水许可证如图 3-20 所示），建立涉水产业准入负面清单，抑制不合理用水需求，严格限制和控制增量，控制人口增长和产业发展规模。

图 3-20　取水许可证示例

二是要严守水资源开发利用上限。继续实施水量分配制度，明确各地区水量分配限额、重要断面下泄流量，作为地表水开发利用的控制红线。加强地下水开发利用管理，确定地下水取用水总量、水位控制指标。推进确定生态用水需求目标，加强已建水利水电工程生态流量管理。

三是强化监督管理考核，严格落实责任。加强水资源开发利用监测，加强最严格水资源管理制度考核，将落实"以水而定"的有关工作责任纳入考核体系，重点考核水资源节约和保护、农业种植结构调整、能源基地布局、地下水超采治理等各项措施落实情况。建立省级水资源督察和责任追究制度，健全考核问题整改跟踪机制，采用督查、抽查、暗访等方式，强化监督检查。

三、提升水资源配置能力

3-11

提升水资源
配置能力

1. 利用国家水网提升水资源调控能力

建设"系统完备、安全可靠，集约高效、绿色智能，循环通畅、调控有序"的国家水网，以大江大河大湖自然水系、重大引调水工程和骨干输配水通道为"纲"，加快构建国家水网主骨架和大动脉。结合国家、各省（自治区、直辖市）水安全保障需求，以区域河湖水系连通工程和供水渠道为"目"，加强国家重大水资源配置工程与区域重要水资源配置工程的互联互通，形成区域水网和省市县水网体系。以控制性调蓄工程为"结"，建设列入流域及区域规划、符合国家区域发展战略的控制性调蓄工程和重点水源工程，提升水资源调控能力。

2. 完善水资源配置体系

坚持先节水后调水、先治污后通水、先环保后用水，聚焦流域区域发展全局，兼顾生态、航运、发电等用水保障，推进南水北调后续工程高质量发展，实施一批重大引调水工程。聚焦人口与城镇布局，适应水资源供求态势，打破地域界限，构建以水库水源为主体的优质水源供给体系，发挥优质水源效益。

依据各地地形地貌和流域水资源禀赋，结合城市发展规划，各片区进行水源布局，丰枯并济、多源联调。发挥好水库、湖泊的水源作用。通过水源替代或等效补偿等措施优化调整一批已建水源工程，对部分已建水源工程进行扩容增效，恢复、提升或新增供水能力。对水源地水质长期不达标，以及水质风险较高的河流型和地下水型水源地，实施水源置换，优先考虑优质水库型水源。提升水情预报精度，在保证水库安全度汛的前提下，动态制定大中型水库汛期运行水位，提高雨洪水资源利用水平。加强备用水源建设。如国家重大水利工程——湖南郴州市宜章县莽山水库（图3-21），建成后可以有效解决宜章县南部地区的农业灌溉缺水问题，提高灌溉保证率；还可向宜章县城和部分乡镇供水，同时为宜章县电网提供调峰电源，缓解供电紧张状况，对促进革命老区脱贫致富和区域经济社会可持续发展均具有重要作用。

图3-21　湖南郴州市宜章县莽山水库

3.多措并举加强饮用水源保护

加强对饮用水源地的保护，特别是为城市和乡镇供水的水库和湖泊，尽快恢复受污染的水质；根据《饮用水水源保护区污染防治管理规定》要求，一级保护区内禁止新建、扩建与供水设施和保护水源无关的建设项目；禁止向水域排放污水，已设置的排污口必须拆除；不得设置与供水需要无关的码头，禁止停靠船舶；禁止堆置和存放工业废渣、城市垃圾、粪便和其他废弃物；禁止设置油库；禁止从事种植、放养畜禽和网箱养殖活动；禁止可能污染水源的旅游活动和其他活动。饮用水水源保护区内的标志牌如图3-22所示。

推进水源地规范化建设，动态调整饮用水水源地名录，科学划定集中式饮用水水源保护区；推进集中式饮用水水源保护区标志设置、隔离防护设施建

图 3 – 22　水源地饮水水源保护标志牌

设；强化水源地常态化巡查，落实水源地全面化监测，严格污染控制，依法清理保护区内违法建筑、排污企业和各类养殖户等。

加强水污染治理，全面消除饮用水源地污染隐患，着重解决人为污染引起的水质问题，推进涉重金属废渣、底泥、矿井涌水等污染治理。加强水源涵养，开展水源地汇水河流生态治理与保护，有条件的水源地实施封闭管理。结合城镇开发和新农村建设，鼓励引导水源保护区人口向城镇转移。

拓展阅读　　　　　　　　　　我国水资源配置格局

1. 松花江流域

水资源配置的重点保障目标是粮食安全、工业基地振兴、生态保护（如重点湿地）的修复维持。与此同时，东北地区水污染问题也比较严重，在水资源配置中需要考虑节水和水量调配对改善流域水环境的作用。

2. 海河流域

遵照习近平总书记"节水优先、空间均衡、系统治理、两手发力"治水思路，充分考虑京津冀协同发展的战略部署，打造管理高效的京津冀一体化水网，挖掘非常规水资源潜力，包括微咸水、雨洪水、海水淡化水及再生水等非常规水资源的进一步挖掘利用，推动再生水用于农业灌溉以及城市、工业等领域，提高再生水利用率；完善黄河下游引黄工程体系，充分利用现有工程增加黄河水利用量。

3. 黄河流域

由于黄河水资源的日趋缺乏和开发利用的不当，生态环境已受到巨大影响，针对局部地区存在地下水超采严重、水源污染和河道干涸断流、部分灌区渠系老化失修、工程配套较差、灌水技术落后等现象，应进一步加大节水力度，强化流域水资源统一度和用水管理。黄河流域是资源型缺水地区，依赖自身水资源量难以解决流域的供需矛盾支撑黄河流域及相关地区经济社会的可持续发展，必须依靠引汉济渭、南水北调西线等流域调水工程。

4. 淮河流域

根据淮河流域水资源的承载能力，按照强化节水的用水模式，提高水资源循环利用水平，加强需水管理，抑制不合理用水，控制用水总量的过度增长，降低对水资源过度消耗，制止对水资源的无序开发和过度开发；转变经济增长方式和用水方式，促进产业结构的调整和城镇、工业布局的优化。

5. 长江流域

长江流域上游地区现状水资源利用程度低，调蓄能力不强，供水能力较低，属于工程型缺水地区。应加大控制型骨干工程的建设，将水资源开发利用与水能资源开发有效结合，同时加强水源区水资源保护和水土涵养。中游地区水资源开发利用条件相对较好，工程体系较完备，主要水资源配置措施是通过对现有工程的挖掘、配套和改造提高供用水效率。对于长江中游洞庭湖、鄱阳湖广大平原地区，需要加大节水力度，保障农田灌溉和农村饮水的需求。以三峡和葛洲坝工程为中心，联合主要支流控制型工程，加强优化调度，协调防洪与供水以及发电航运的水量调控关系，协调南水北调和长江流域来水的丰枯补偿关系。下游地区水量丰沛，水资源配置应继续发展以引提水为主的本地水源利用，减少地下水开采，提高供水能力，以适应快速增长的经济发展需要。重点加大水环境保护和污染治理，将下游三角洲地区水网疏浚与水环境治理、供水工程建设相结合，重点满足下游地区重点城市和沿江经济带的供水需求。

6. 珠江流域

西南诸河区是我国重要的水电基地，在加速布局水电发展的同时，需要加强规划引导和全局统筹发展，增强水源调控能力，通过一系列大型水利工程的建设，提高水能、水资源的利用效率，形成向北方输水的工程条件。珠江区上游流域重点开展小型水利工程建设，实施滇中、黔中等跨流域引调水工程，解决与红河、长江流域接壤周边地区的缺水问题。中下游流域构建以西江龙滩及大藤峡、北江飞来峡等水库为骨干的水资源调配体系，实施引郁入钦、西水南调等工程，保障北部湾及粤西缺水地区用水需求。

四、推动城乡供水工程建设

1. 巩固提升农村饮水安全

解决农村饮水安全问题，需通过以大并小、小小联合、管网延伸等方式，扩大农村集中供水工程规模，并做好服务，提升供水质量，逐步推进自来水入户。还要向群众宣传供水入户的好处，推动改变平时的用水习惯，通过双方共同努力打通农村饮水安全的"最后一公里"。

维护好已建农村供水工程成果，推动农村供水规模化发展，标准化建设、

3 - 12　◀

推动城乡供水
工程配置

规范化管理、市场化运行、企业化经营、用水户参与，提升农村供水标准和保障水平。有条件的地区，以县级行政区域为单元，利用区域优质水源配置和重点饮水水源工程，高标准推进城乡供水一体化。对县域范围内城乡供水一体化无法覆盖的区域，因地制宜建设小型集中供水工程和分散微小供水工程。推进水源保护区划定，加强水源地保护，完善水质净化处理措施，加强后备水源地建设，制定突发供水事件应急预案，保障农村饮水水质、水量安全。

在汛期还要注意地下水井的管理，采取有效措施避免雨水污染地下水源。要加强水源水质监测，增加水质监测频率，及时掌握水质变化情况，做好应急水源建设的准备工作，对自备水井进行定期检查。

同时，高寒地区是农村供水的短板，水源不稳定，来水量比较少，冬季供水管网容易冻，尽量寻找不受严寒影响的水源，如东北、西藏一些地区的井水受温度的影响相对小。对管网、水厂和水龙头加强防冻措施，通过综合措施，推广防冻新技术的应用，防止高寒地区农村供水出现问题，保障长期有效供水。水质监测和高寒区水管防冻措施如图3-23和图3-24所示。

图3-23　水质监测示意图

图3-24　高寒区水管防冻措施

2. 保障城镇供水安全

城镇供水是指以要求的水量、水质和水压，供给城镇生活用水和工业用水，又称城镇给水。

确保城镇供水安全，要加强水厂生产设备、供水管网的日常巡检，确保供水设备设施运行稳定；加大原水、出厂水、管网水水质检测频率，及时掌握高温下水质变化情况，确保从"源头"到"龙头"的水质安全。

加强公共供水管网漏损控制，要提高水资源利用效率。结合城市更新、老旧小区改造、二次供水设施改造和一户一表改造等，对超过使用年限、材质落后或受损失修的供水管网进行更新改造，推进供水管网压力调控工程。供水管网改造如图3-25所示。

3-13
城乡供水保障
安全

图 3 - 25　供水管网改造　　　图 3 - 26　公园内的直饮水

同时，降低管网漏损，提高水资源利用率，对供水能力不足、净水工艺落后的供水工程和漏损严重的老旧管网进行升级改造。具备优质水源的地区，推进区域分质供水系统建设，条件成熟的新建住宅小区，实施小区雨水利用工程，开展管道分质供水系统建设。各地根据区域情况在中心城区的机场、地铁、医院、公园、景区等公共场所区域，布局直饮水设施。直饮水设施如图 3 - 26 所示。

3. 推进城乡供水一体化

城乡供水一体化主要是指将供水管网由城市延伸，覆盖至乡镇，建立起一体化的城乡供水网络系统，基本实现城乡联网供水，水资源共享，提高水资源的利用率，达到城乡居民共享优质供水的目的。城乡供水一体化，本质上就是消除农村与城镇供水之间存在的显而易见的差距。这种差距既表现在供水基础设施建设投入、供给方式等方面，也表现在水价、水质水量、运营维护等诸多方面。

3 - 14
城乡供水
一体化

统筹布局农村饮水基础设施建设，在人口相对集中的地区推进规模化供水工程建设。通过统筹谋划、优化布局和创新机制，打破"一地一水"等传统农村供水方式的弊端，通过城市管网延伸、区域供水互通、提高乡村供水标准等措施，改善农村供水状况，解决城乡基本公共服务均等化存在的显著差距，实现农村供水与城镇供水在管理、服务、水质、水价等方面同标准，为满足人民群众对美好生活的向往提供坚实基础。

五、加快灌区现代化建设

1. 已建灌区现代化改造

我国水资源主要分布在南方，而耕地资源主要分布在北方，空间分配很不均衡。为落实国家粮食安全战略，应加快实施大中型灌区续建配套与现代化改造，提升水资源利用效率，减少灌区输水和田间灌水的无效能耗。坚持"以水定地、以水定产"的发展原则，优化调整能源产业结构。打造"节水高效、设施完善、管理科学、生态良好"的现代化灌区，改造过程中，加强与高标准农田建设等项目有效衔接，统筹灌排骨干和田间工程建设。进一步提高大中型灌区用水保障程度。图3-27是湖南省最大引水灌溉区。图3-28是著名的都江堰灌区。

图3-27　湖南省最大灌区——韶山灌区洋潭大坝

图3-28　四川省都江堰灌区

2. 推进新建灌区工程建设

新建一批大中型灌区，按照灌排设施配套与水源工程同步、田间工程与骨干工程同步、农艺及生物措施与工程措施同步、管理设施与工程设施同步等要求，推进现代化新型灌区建设，充分发挥灌区工程整体效益。加大灌溉、节水、排涝等农业基础设施建设力度，助力高标准农田建设和节水农业发展。

六、合理使用和保护地下水

1. 完善地下水管理体制

地下水是水资源的重要组成部分，地下水在空间上不适合按流域管理与行政区管理结合的管理体制，因为流域边界与水文地质单元的边界可能不重合，会导致因为一个流域的地下水开采或地表水的拦蓄引起临近流域地下水位下降、泉水衰竭、河道基流减少、湿地退化等问题。因此，地下水管理要细化水文地质单元分区及区划，建立健全水文地质单元和行政区域相结合的地下水管理体制。加强地下水涵养与保护，通过增加植被覆盖度，减少城市地面硬化率，促使大气降水补给地下水，发挥地下含水层的调蓄功能，增加地下水补给量，推进地下水超采区治理与修复。

2. 纳入河湖长制管理体系

地下水和地表水有关联性，也可以考虑把地下水保护纳入河湖长制体系和工作内容中，落实地下水属地管理责任。河湖长对管辖范围内的地下水污染防治、地下水管理和保护工作进行管理。对地下水长期不达标的水源点，加快推进水源置换。

3. 完善地下水监测网络体系

地下水是重要的战略资源，也可推动建立红线管控制度，如对重要水源地补给区、地下水超采区、名胜泉域等可划定资源环境生态红线，实行红线管控。

地下水网络监测体系还应加强全覆盖，对西北等生态脆弱区等，增大监测站网密度。在污染化工业区、矿山开发区、重点城市区、重大工程区污染源比较突出的地区，应加强水质监测，定期进行地下水监测评估。严格控制地下水开采总量，严格浅层地下水开发利用，防止新增浅层地下水超采，维持地下水的采补平衡；做好超采区机井管理，规范封存备用井、废弃机井的取水许可管理及日常监管。地下水位示意图和地下水监测站如图3-29和图3-30所示。

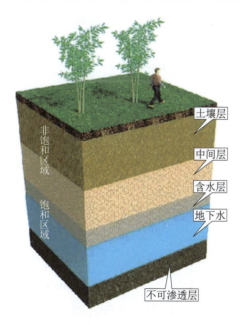

图3-29　地下水位示意图

图3-30　地下水监测站

3-15

黄河连续20年
不断流

第四节　案　例　分　析

任务导引：以黄河连续 20 年不断流为例，让学生对水资源短缺引起深刻的认识，引导学生加深对水资源安全，科学用水、调水，节约用水的理解。

背景介绍：2019 年 8 月 12 日是一个载入治黄史册的日子，通过实施水量统一管理与调度，到 2019 年 8 月 12 日，黄河实现了连续 20 年不断流的奇迹。万里长河从断流频繁到河畅其流，从羸弱不堪到水复其动，以全新的生命形态展现在世人面前，支撑着流域经济社会的发展，为世界江河治理与保护、人与自然和谐共生提供"中国范例"。

黄河在我国经济社会发展中具有重要的战略地位，但从 20 世纪 70 年代开始，黄河疲态尽显、难堪重负，频繁断流直接影响沿黄城乡工农业生产生活，河道萎缩进一步加剧，河流自净能力降低，生态系统失衡，同时造成严重经济损失。

中国政府高度重视黄河水资源问题，理性看待前进中的困难，在发展中解决"成长的烦恼"。

1987 年，国务院批准南水北调工程生效前黄河可供水量分配方案，该方案的批复使黄河成为我国大江大河中首个进行全河水量分配的河流。根据国务院授权，黄河水利委员会从 1999 年 3 月正式实施黄河水量统一调度，这在我国七大江河流域中首开先河。同年 8 月 12 日之后，黄河干流再未出现断流。

20 年来，黄河水利委员会行政、法律、工程、科技、经济五措联动，结束了黄河下游频繁断流的历史。黄河水量统一调度实行以省（区）际断面流量控制为主要内容的行政首长负责制；严格落实《黄河水量调度条例》等法律法规，水资源管理制度体系日趋完备；联合调度干支流骨干水库，充分调节水资源时空分布；提升黄河水资源调度与管理系统，为"精细调度"黄河水资源提供强大科技支撑；探索利用市场手段优化配置黄河水资源的途径，开创全国水权转让与交易先河。

20 年来，黄河生命得到回归，生机勃勃的黄河似一条生态廊道，辐射流域面积 75 万 km^2 的绿水青山，成为固守北方生态安全的屏障。累计超过 6000 亿 m^3 水量，滋养了干旱缺水的西北华北大地，浇灌千里沃野，输入厂矿企业，泽被千家万户。黄河三角洲自然保护区受水 3.07 亿 m^3，湿地明水面积由原来的 15％增加到现在的 60％，自然保护区鸟类增加到 368 种。久违的洄游鱼类重新出现，河口三角洲再现草丰水美、鸟鸣鱼跃的动人景象。

在黄河水资源"先天不足"的情况下，7次引黄济津、16次引黄入冀、20次引黄济青，累计跨流域调水210亿 m³。

黄河水利委员会认真落实习近平总书记关于治水的重要论述精神，积极践行水利改革发展总基调，在完善国家统一分配水量、省（区）负责配水用水、用水总量和断面流量双控制、重要取水口和骨干水库统一调度模式的同时，持续强化科学调度和监督管理，发挥了有限水资源的综合效益，确保了供水安全。多次化解流域及相关区域旱情，为保障国家"粮仓"增产增收提供"黄河担当"；实施引黄入冀补淀，滚滚黄河水千里北上润雄安，最大限度支持华北地区地下水超采综合治理行动；2018年向乌梁素海应急生态补水5.94亿 m³，水质明显好转，鱼类从几乎绝迹恢复到20余种，鸟类达到264种。

黄河以占全国2%的河川径流量，养育了全国12%的人口，灌溉了15%的耕地，创造了全国14%的国内生产总值，是沿黄60多座大中城市、340个县（市、旗）及众多能源基地的供水生命线；流域上一座座水电站相继建成发电，累计发电逾20000亿 kW·h。黄河水资源成为流域可持续发展的压舱石、生态环境改善的定盘星。

要点分析与启示

1. 黄河面临的水资源安全问题分析

从20世纪70年代开始，黄河面临着频繁断流的水资源安全问题，直接影响沿黄城乡工农业生产生活，河道萎缩进一步加剧，河流自净能力降低，生态系统失衡，同时造成严重经济损失。

黄河频繁断流的原因非常多，包括河床不断淤积形成的地上河、气候变化异常、流域本身的水文气候条件、水源补给量减少、水土流失严重、人口和经济增长迅速、管理不协调、水资源浪费惊人、水体污染严重、海洋沙漠化、人为热释放、沿海城市气候截流等。

2. 恢复黄河水资源安全的关键性和开创性举措分析

关键性举措主要包括：批准南水北调工程生效前黄河可供水量分配方案和黄河水利委员会行政、法律、工程、科技、经济五措联动。

开创性举措主要包括：黄河水利委员会从1999年3月正式实施黄河水量统一调度，这在我国七大江河流域中首开先河；探索利用市场手段优化配置黄河水资源的途径，开创全国水权转让与交易先河。

拓展思考

黄河从频繁断流发展变化到 20 年不断流的历史，带给你哪些启示？

一、判断题

1. 饮水安全是指居民能够取得足够用量的生活饮用水，且长期饮用不影响人体健康。（　　）

2. 判断饮水是否安全有四项指标，其中至少一项达到基本安全标准，即为饮水安全。（　　）

3. 水资源优化配置是资源水利的核心，是缓解水资源供需矛盾最经济、时效性最好的办法。（　　）

4. 我国南方地区不存在水资源短缺的情况。（　　）

5. 从水安全国家战略角度考虑，中国农业用水在未来一段时间仅能保持零增长或负增长。（　　）

二、单项选择题

1. （　　）是我国的主要粮食生产基地，是国家粮食安全的基础保障，也是区域经济发展、现代农业平台的重要支撑，更是生态环境保护的基本依托。

A. 灌区　　　　　B. 城市　　　　　C. 农村　　　　　D. 流域

2. 2013 年国务院发布了《实行最严格水资源管理制度考核办法》，其中"三条红线"之一，确立水资源开发利用控制红线，到 2030 年全国用水总量控制在（　　）m^3 以内。

A. 7000 亿　　　　B. 9000 亿　　　　C. 700 亿

三、多项选择题

1. 鉴于国情与生活方式的差异，城市居民生活用水包括城市居民的室内用水，即（　　）等。

A. 烹饪　　　　　B. 饮用　　　　　C. 淋浴　　　　　D. 洗衣

2. 在农村，（　　）等问题是导致饮水安全的主要因素。

A. 饮水水质超标　　　　　　　B. 无供水设施

作业与思考

C. 水量不达标　　　　　　　　D. 水管理条例缺失

3. 从水资源的自身属性考虑，水资源安全的内涵应包括（　　　）三个方面。

A. 水量安全　　　　　　　　　B. 水质安全

C. 硬件保障能力　　　　　　　D. 供水系统应急保障能力

4. 水资源安全保障措施包括以下哪些方面？（　　　）

A. 全面节约用水　　　　　　　B. 把水资源作为最大刚性约束

C. 提升水资源配置能力　　　　D. 推动城乡供水工程建设

E. 加快灌区现代化建设　　　　F. 合理使用和保护地下水

5. 在我国这样的人口大国，每个人节约用水意义重大，下面的节水办法中可行的是（　　　）。

A. 脏衣服少时用手洗

B. 提高水价的经济手段

C. 减少每个人每天的饮用水量

D. 洗碗前，将盘碗中的残渣倒入厨余垃圾，用纸将油汤初步擦拭后再用水洗

6. 以下哪些是节水型生活用水器具？（　　　）

A. 节水龙头　　　　　　　　　B. 节水马桶

C. 喷雾式节水淋浴喷头

97

第四章
水生态安全

　　水生态安全是生态安全的重要组成部分，也是保障生态安全的重要前提与基础，又是生态文明建设的重要内容，不仅关系到打赢打好碧水保卫战，更关系到水资源、水生态相关的经济、社会的进步与发展。

第一节　概念及相关知识

一、水生态

　　水生态是指环境水因子对生物的影响和生物对各种水分条件的适应。生命起源于水中，生物体不断地与环境进行水分交换；水是一切生物的重要组成部分，环境中水的质（盐度）和量是决定生物分布、种类的组成和数量，以及生活方式的重要因素。

　　1. 水生态系统

　　水生态系统亦称为水生生态系统（图4-1），是指水生生物群落与水环境构成的生态系统。水体为水生生物的繁衍生息提供了基本的场所，各种生物通过物质流和能量流相互联系并维持生命，形成了水生生态系统，其构成要素有生产者、消费者、分解者和非生物类物质四类。

　　天然水体对排入其中的某些物质具有一定限度的自然净化能力，使污染的水质得到改善。但是如果污染物过量排放，超过水体自身的环境容量，这种功能就会丧失，从而导致水质恶化。

　　水体受到严重污染后，首当其冲的是水生生物。因为在正常的水生生态系统中，各种生物的、化学的、物理的因素组成高度复杂、相互依赖的同一整体，物种之间的相互关系都维持着一定的动态平衡，也就是生态平衡。如果这

图 4-1 水生态系统

种关系受到人为活动的干扰，如水体受到污染，那么这种平衡就会受到破坏，使生物种类发生变化，许多敏感的种类可能消失，而一些忍耐型种类的个体将大量繁殖起来。如果污染程度继续发展和加剧，不仅将导致水生生物多样性的持续衰减，还会使水生生态系统的结构和功能遭到破坏，其影响十分深远。

水生态系统主要包括海洋生态系统、淡水生态系统和湿地生态系统三类。

（1）海洋生态系统是生物圈内面积最大、层次最丰富的生态系统。海洋生态系统的生产者，主要包括海岸带高大而常绿的红树林、大小不一的藻类及大量的浮游植物，它们生活在浅海几米到几十米的深处，在海洋生态系统中占有非常重要的地位，是海洋生产力的基础，也是海洋生态系统能量流动和物质循环的最主要的环节。消费者包括海洋中所有动物，一级消费者有甲壳类和桡足类，其他消费者包括海洋鱼类、哺乳类、爬行类、海鸟以及某些软体动物（乌贼）和一些虾类等。

（2）淡水生态系统通常是互相隔离的，它包括大多数江河、湖泊、池塘和水库等。目前人类比较容易利用的淡水资源，主要是河流水、淡水湖泊水以及浅层地下水，储量约占全球淡水总储量的 0.3%，只占全球总储水量的十万分之七。淡水的来源主要靠降水补给，它是人类利用时间最长、利用率最高的一类水体。淡水生态系统中的生产者，包括体积极小的浮游植物，如硅藻、绿藻和蓝藻等；水面生活的大型水生植物，如紫背浮萍、水浮莲及凤眼莲等；岸边植物如芦苇和香蒲等。以这些植物为食的枝角类、桡足类和草食性鱼类是一级消费者，以植食性动物为食的肉食性动物为二级及以上消费者，如青鱼、狗鱼等。

（3）湿地生态系统主要包括湖泊湿地、沼泽湿地和海滨湿地三种类型，被一些科学家称为"地球之肾"。我国有湿地 56 万 km²。湿地是指不论其为天然或人工、长久或暂时的沼泽地、泥炭地或水域地带，带有静止或流动的淡水、半咸水或咸水水体者，包括在海滩低潮时水深不超过 6m 的水域，是介于陆地和水生环境之间的过渡区域。湿地由于水陆相互作用形成了独特的生态系统，兼有两种生态系统的某些特征，广泛分布于世界各地。据统计，2019 年全世界共有湿地 856 万 km²，占陆地面积的 6.4%（不包括海滨湿地）。其中，以热带比例最高，占湿地总面积的 30.28%，寒带占 29.89%，亚热带占 25.06%，亚寒带占 11.89%。

2. 水域生态系统

水域生态系统与水生态系统有所不同。水域生态系统是指在一定的空间和时间范围内，水域环境中栖息的各种生物和它们周围的自然环境所共同构成的基本功能单位。它的时空范围有大有小，大到海洋，小到一口池塘、一个鱼缸，都是一个水域生态系统。按照水域环境的具体特征，水域生态系统可以划分为淡水生态系统和海洋生态系统。图 4-2 为水域生态系统示意图。

图 4-2　水域生态系统

水域生态系统的非生物成分包括生物生活的介质——水体和水底，它决定了水温、盐度、水深、水流、光照及其他物理因素，参加物质循环的无机物（碳、氮、磷等）以及联系生物和非生物的有机化合物，如蛋白质、碳水化合物、脂类、腐殖质等。水域生态系统的生物成分按其生活的方式可分为漂浮生物、浮游生物、游泳生物、底栖生物和周丛生物等五大生态类群，按其生态机能则可分为生产者、消费者、分解者和有机碎屑四类。在水域生态系统中，除了以初级生产者为起点的植食食物链外，还存在以细菌为基础的腐殖食物链和以有机碎屑为起点的碎屑食物链。

二、水生态承载力

近年来，随着我国社会经济的快速发展，资源能源消耗量大幅度增加，流域内污染排放强度加大，排污负荷增高，污染物排放量远超过受纳水体的环境容量，导致水生态系统平衡失调，水生态系统社会服务功能减弱甚至丧失。因此，社会经济的发展必须以水生态承载力为基础。

4－1　　　▶
水生态承载力

水生态承载力是指流域水资源能够确保流域生态系统健康和社会经济持续发展的能力，既涉及流域内水资源利用的各个部分及其在水资源利用的时间、空间和方式（如自然降水、灌溉或人工影响天气等）方面的差异，更涉及流域作为一个整体对水资源在各个部分以及水资源供给的时间、空间和方式等方面的合理安排。因此，要实现流域生态保护与高质量发展，既要考虑整体性，即上游、中游和下游及其相互作用组成的流域整体，也要考虑流域及其作为地球系统组成部分受各圈层相互作用在时间和空间上的连续变化，即时空连通性。

水生态承载力以流域水生态系统结构和功能的完整性为核心目标，兼具自然属性和社会属性。

1. 水生态系统结构和功能的完整性

水生态系统是由水生生物群落与水环境共同构成的具有特定结构和功能的动态平衡系统。它通过系统内部不同生态过程以及系统与陆地生态系统、社会经济系统相互作用，维持水生态系统的完整性，从而提供不同的生态服务功能。流域水生态承载力定义的界定与研究工作应把流域水生态系统结构和功能的完整性保护作为出发点和归宿点。

2. 自然属性

流域水生态承载力具有自然属性，表现为水生态子系统的自然承载力，是生态系统承载能力的直接体现。水生态承载力自然属性中，保持水生态系统生态环境健康的水量因子体现为生态环境需水量。所谓水生态系统生态环境需水量是指以水文循环为纽带，从维系生态系统自身生存和环境功能的角度，相对一定生态环境品质目标下客观需要的水资源量。进一步讲，最小生态环境需求量是维系生态系统最基本的生存条件及其最基本环境服务功能所需求的水资源阈值。

水质因子的约束作用体现在两个方面：一方面水中生物生存和发展需要一定的营养物质，对水质有基本的要求；另一方面，在保持水生态系统良好状态的条件下，水生态系统所能承纳的污染物性质和数量有一个阈值。进入水体中的污染物，其性质和水量一旦超过水生态系统所能承纳的阈值，生物生长将受到抑制。

3. 社会属性

流域水生态承载力具有社会属性，表现为两个方面：一方面是水生态系统在满足自身生态环境健康状态的条件后，仍能提供的自然容量；另一方面体现在随着人口、社会经济的发展而产生的人工容量。恢复和保护流域区水生态系统结构和功能，要从水生态承载力的社会属性出发，加大科学技术投入和治理投入，增强社会环保意识，增加人工容量。另外，通过产业结构调整和优化，控制和降低污染物的排放以及通过各种生物、化学和工程等手段，改善水质，使河流和湖泊生态系统的健康能得到恢复。

水生态系统具有社会和自然双重属性，它不仅是水生生态系统的物质基础，也是生态系统中水生生物群落的栖息地，同时也承担着一定程度下的人类社会经济活动的社会责任。水生态系统的社会和自然双重属性，对维护水生生物群体完整性、多样性和生态系统的平衡以及促进社会经济环境协调发展有着十分重要的支撑作用。因此，健康的水生态系统表现在既可以承纳该流域范围内一定的人类活动程度，包括人口数量、水资源开发利用程度、工农业生产生活排放进入水体的污染负荷等，又能够在保证水生态系统的结构和功能不受影响的前提下，满足该水体的水生态可承载能力。

三、水生态安全的属性

4-2

水生态安全
概念

水生态安全是指人们在获得安全用水的设施和经济效益的过程中所获得的水既满足生活和生产的需要，又使自然的生态环境得到妥善保护的一种社会状态，是水生态资源、水生态环境和水生态灾害的综合效应，兼有自然、社会、经济和人文的属性（图4-3）。水生态安全包括三个方面：一是水生态安全的自然属性，即产生水生态安全问题的直接因子是自然界水的质、量和时空分布特征；二是水生态安全的社会经济属性，即水生态安全问题的承受体是人类及

图4-3　水生态安全

其活动所在的社会与各种资源的集合；三是水生态安全的人文属性，即安全载体对安全因子的感受，是人群在安全因子作用到安全载体时的安全感。

拓展阅读　　　　长江流域重点水域全面启动"十年禁渔"

长江是中国最大的河流，也是世界上水生生物多样性最为丰富的河流之一，滔滔江水哺育着424种鱼类，仅特有鱼类就有183种。长江是中华鲟、白鲟、白海豚、长江江豚等国家级保护动物基地，也是"四大家鱼"的天然渔场。

2020年12月31日，长江流域重点水域全面启动"十年禁渔"，引发了社会广泛关注。长江里快没鱼了，这个结论让很多人感到意外。但其实，长江苦无鱼，久矣。长江渔业的天然捕捞量从1954年的42.7万t下降到了2019年的不足10万t，仅占全国淡水水产品的0.15%，对中国人餐桌的贡献几乎可以忽略不计。

长江江豚是中国特有的珍稀鲸类物种，仅分布在长江中下游干流以及洞庭湖和鄱阳湖流域，被称为长江生态的"活化石"。2006年，国际联合考察队考察到的长江江豚数量还有1800头左右；2012年，中科院水生所鲸类保护生物学科组观测长江江豚种群数量时，发现仅剩1040头，这意味着保护江豚的速度似乎赶不上种群数量减少的速度。食物匮乏，是影响江豚生存的主要原因，以鱼为食的长江顶层生物链，最先感知长江无鱼之困。

随着经济的发展，长江越来越繁忙。捕鱼业的捕鱼量一度大幅上升。21世纪以来，受拦河筑坝、水污染、过度捕捞、采砂采石等因素影响，长江渔业产量呈下降趋势，水生生物的生存环境日益恶化，珍稀物种随之灭绝。白鱀豚是中国特有的淡水鲸类，仅产于长江中下游。据报道，2007年白鱀豚被宣布功能性灭绝，意味着这个物种已丧失自我繁衍后代的能力。长江鲟又名达氏鲟，是长江上游独有的珍稀野生动物，已有1.5亿年的历史。20世纪初，长江鲟自然繁殖活动停止，野生种群基本绝迹。白鲟是淡水鱼家族中的第一"巨人"，主产于长江自宜宾至长江口的干支流中，是中国特产稀有动物。自2002年以后，近17年来没有发现过白鲟。中华鲟分布于长江干流金沙江以下至入海河口，具有洄游性或半洄游性，为国家一级保护动物，自2013年起就极难检测到野生中华鲟自然产卵。长江三鲜鲥鱼早已灭绝，野生河豚数量极少，刀鱼数量急剧下降，从过去最高产3132t下降到年均不足100t，在市场上被炒至天价。青、草、鲢、鳙"四大家鱼"曾是长江里最多的经济鱼类，如今资源量已大幅萎缩，种苗发生量与20世纪50年代相比下降了90%以上，产卵量从最高的1200亿尾降至不足 10 亿尾。据统计，长江上游有 79 种鱼类为受威胁物种，居国内各大河流之首，中华绒螯蟹资源也接近枯竭。

2022 年 7 月 21 日晚，国际自然与自然资源保护联盟（IUCN）发布全球濒危物种红色目录更新报告，宣布白鲟灭绝，长江鲟野外灭绝。中国的特有物种和长江的旗舰物种，就这样和我们无声地说了再见。

白鲟是长江里食物链的顶层物种，据公开资料显示，白鲟体长通常为 2～3m，体重 200～300kg，游速迅疾。最大的白鲟可以长至七八米，有"水中老虎"之称。鲟鱼这样体型巨大的淡水鱼类，其生存更容易受到人类活动的影响，但其实白鲟灭绝仍然是可以避免的事情。

根据 IUCN 全球鲟鱼再评估结果，世界现存的 26 种鲟鱼均面临灭绝威胁。一种又一种鲟鱼正在从世界河流中消失，令人扼腕。尤其是，当白鲟和白鳍豚这两种长江中生态习性不同的生物，灭绝的命运与时期却差不多，这对人类来说是一个深刻的教训。

这次白鲟与我们"永别"，是地球的水生态系统向我们发出的又一次警告，水生态安全问题是我们当前面临的重大问题之一，水生态安全是保护人类与自然未来的健康和生计不可忽视的重要因素之一。

四、水生态安全评价

水生态安全评价是对水生态系统安全状态优劣的定量描述，指以水为主线的复合生态系统发展受到一个或者多个威胁因素影响后，对水生态系统以及由此产生的不利后果的可能性进行评估，其中复合生态系统是指经济-社会-自然系统。

水生态安全评价具有复杂性、综合性、跨领域、多学科、复合系统等基本特征，主要表现在以下几个方面：

（1）水生态安全评价是对人类以水为主线的生存环境和生态条件安全状态的评判，既包括自然环境（资源子系统-环境子系统-生态子系统），也包括经济、社会环境。

（2）水生态安全评价属于系统评价。水生态安全评价就是要研究确定以水为主线的人类（经济、社会属性）、自然（环境属性、资源属性、生态属性）系统的安全状态。

（3）水生态安全评价的相对性。没有绝对意义的安全，只有相对意义的安全，水生态安全的目标并不是否认经济社会的发展，只是在人与自然和谐的基础上，寻求最佳水平的相对安全程度。

（4）水生态安全评价的动态性。水生态安全要素、区域或国家的水生态安全状况并不是一成不变的，它随着环境的变化而变化。当由于水生态系统自身或由于人类经济社会活动产生的不良影响反馈给人类生活、生存和发展时，将导致安全程度发生变化，甚至由安全变为不安全。

（5）水生态安全评价以人为本。水生态安全评价的标准是以人类所要求的水生态因子的质量来衡量，其影响因子较多，包括以水为主线的人类-自然各系统中的因素，包括人为因素（经济属性、社会属性）和自然因素（资源属性、环境属性、生态属性），均是以是否能满足人类正常生存与发展的需求作为衡量标准。

（6）水生态安全评价的空间异质性。水生态安全的威胁往往具有区域性、局部性的特点，某个区域的不安全并不会直接意味着另一个区域也会不安全，而且对于不安全的状态，可以通过采取措施加以减轻，即人为调控。

（7）水生态安全的威胁绝大多数来自系统内部。水生态安全的威胁主要来自人类的经济社会活动。人类活动引起了以水为主线的复合生态系统的破坏，导致对整个系统造成威胁。要通过人为调控减轻影响，人类必须付出代价进行投入，即生产发展成本。

第二节 水生态安全面临的挑战和问题

一、水生态系列问题制约经济社会健康发展

在很长的一段时间以来，由于没有充分认识到保护生态环境就是保护生产力，改善生态环境就是发展生产力这一基本问题，我国在经济社会发展过程中，没有处理好开发利用与节约保护的关系，忽视了资源节约和环境保护，对自然界索取多投入少、开发多保护少，流域水源涵养区、河湖水域及其缓冲带等重要生态空间过度开发，导致资源、生态、环境问题越来越突出。我国发展仍然处于重要战略机遇期，新型工业化深入推进，城镇化率仍将处于快速增长区间，伴随着经济高速增长和城镇化快速发展，水资源短缺、水生态损害、水环境污染等新问题越来越突出，造成生态功能严重衰退、生物多样性丧失、水华居高不下等一系列生态问题，成为经济社会持续健康发展的严重制约因素。

二、水生态空间受到挤占

河湖岸线被挤占。良好的水生态空间应该是河湖水域、岸线、滨岸带尽可

4-3 ▶

水生态安全
面临的挑战
和问题

能保持上下游连通、水陆通达，以良好的水生环境支撑水域、滨水空间动植物的发育、栖息和繁衍，维系河湖水系生态系统稳定、维系水系生物多样性。但长期以来，河湖岸线边界不明确，被利用开发程度高。如2022年7月6日，国务院新闻办公室举行新闻发布会，生态环境部负责人介绍中央生态环境保护督察进展成效时披露，在长江岸线整治方面，长江11个省（直辖市）累计腾退了长江岸线457公里，由此可见，长江岸线被挤占相当严重。

湖库淤积严重。由于水土流失等原因，造成河湖、水库淤塞的情况也相当严重。如洞庭湖由于长期的江湖关系演变，三峡水利枢纽工程建成运用之前，洞庭湖区淤积泥沙平均每年1.2亿t，调蓄容积大幅减少，洞庭湖逐渐出现淤积萎缩、调蓄功能减弱，水生态空间受到挤占，致使洞庭湖出现湿地功能衰退、水源涵养不足、生态环境恶化等系列问题。

河道湖泊"四乱"问题突出。长期以来，河道湖泊存在"四乱"现象，即非法围垦湖泊、河道，非法侵占水域、滩地等的"乱占"；未经许可在河道管理范围内采砂、取土，不按许可要求采砂等的"乱采"问题；河湖管理范围内乱扔乱堆垃圾、固体废物、阻碍行洪的物体等的"乱堆"问题；水域岸线长期滥占滥用、未经许可和不按许可要求建设涉河项目等的"乱建"问题。

生态用水得不到保障。一些地方生态用水的保障明显不足，河流、湖泊断流干涸的现象还比较普遍。比如说，城乡面源污染在治理上还存在着瓶颈；再比如说，重点湖泊蓝藻水华居高不下，水生态系统严重失衡的问题还十分突出。

三、水生生物多样性降低趋势尚未得到有效遏制

全国各流域水生生物多样性降低趋势尚未得到有效遏制，长江上游受威胁鱼类种类较多，白鳍豚已功能性灭绝，江豚面临极危态势；黄河流域水生生物资源量减少，北方铜鱼、黄河雅罗鱼等常见经济鱼类分布范围急剧缩小，甚至成为濒危物种。

四、水土流失防治成效还不稳固

近年来，全国水土流失面积和强度持续呈现双下降态势，由2022年水利部组织的全国水土流失动态监测工作结果显示，我国水土流失状况持续改善，水土保持率从2011年的68.88%提高至72.26%，中度及以上侵蚀占比由2011年的53.08%下降到35.28%。但总体来看，我国水土流失量大面广、局部地区严重的状况依然存在；交通、能源、城市建设等基础设施建设规模仍保持在较高水平，部分不合理的生产和生活方式不可避免会造成或者加剧水土流失，经济

社会发展带来的人为水土流失压力突出的阶段性特征没有改变；防治成效还不稳固，水土流失治理体系还不完善，水土保持生态产品的供给能力还有提升空间，防治任务仍然繁重。

五、水生态文明理念还需进一步加强

"山水林田湖草沙是一个不可分割的生态系统"的理念树立得还不牢固，就水治水现象还较普遍，上下游、左右岸地上地下协同增效的水生态治理体系还需进一步完善。水生态保护修复刚刚起步，监测预警等能力有待加强。尽管《中华人民共和国长江保护法》《中华人民共和国黄河保护法》等法律已颁布实施，但其他水生态保护相关法律法规、标准规范仍需进一步完善，流域水生态管控体系需进一步健全。经济政策、科技支撑、宣传教育、能力建设等还需进一步加强。

第三节　水生态安全保障措施

一、强化水生态空间管控

划定水生态管控空间。良好的水生态空间（如河湖水域、岸线等）可为河湖生态水文过程提供场所，是维持河湖生态系统完整性的重要条件。应统筹考虑河湖的水源涵养、保持水土、防风固沙、调蓄洪涝、岸线保护、保护生物多样性、河口稳定等方面综合功能要求，按空间完整、功能完好、生态环境优美原则，划定水生态管控空间。

4-4
河湖水生态
健康保障体系

严格水生态空间管控。《中华人民共和国长江保护法》规定"国家对长江流域河湖岸线实施特殊管制。禁止在长江干支流岸线一公里范围内新建、扩建化工园区和化工项目"。《中华人民共和国黄河保护法》规定"禁止在黄河干支流岸线管控范围内新建、扩建化工园区和化工项目。禁止在黄河干流岸线和重要支流岸线的管控范围内新建、改建、扩建尾矿库"。应减少挤占河道、围垦湖泊、破坏岸线、非法采砂等河湖空间无序占用问题，严格水生态空间管控，实行清理整治和占用退出，管制管控范围内的建设项目，塑造健康自然的河湖水体与岸线。

控制开发强度。涉及水生生物栖息地的规划和项目应依法开展环境影响评价，强化水生态系统整体性保护，严格控制开发强度，统筹处理好开发建设与水生生物保护的关系。

二、合理配置生态用水

世界自然基金组织有一个系列公益广告，其中一句广告语是"大自然不需要人类，但人类需要大自然"。水资源天然存在，但并不能全部供给人类全部用于生产和生活。为了保护生态环境，保证可持续发展，大部分水资源是必须留给大自然本身的，用于维持自然生态系统。天然河流、湖泊、沼泽都需要水，以及依赖其水源生存的植被、动物等都需要消耗一定数量的水资源。

为保护天然河流、湖泊、沼泽及其相关生态系统的结构和功能所要求的标准，所需要的水量称为河道内天然生态需水。天然生态需水指的是需要地表、地下水供给的那一部分，而不包括降水直接供给的水量。

为维护经济社会与生态环境的和谐发展，减少人类对水生态系统的干扰，维持生态功能区生物多样性和生态平衡的可持续发展，需要从根本上落实最严格的水资源管理制度，明确生态用水量，严格河道外取耗水总量控制，强化水资源生态调度。北方缺水地区应重点加强最严格用水的总量控制，恢复地下水，合理分配河湖用水，逐步恢复被挤占的河湖生态用水量，提高冰封期和灌溉用水期的河湖生态水量保障率；南方丰水地区应加强敏感期河湖生态水量和过程保障目标确定，通过合理调整水电站开发布局、制定梯级电站生态调度方案、推进绿色小水电发展等多项措施，减缓水利工程运行实施对生态系统的扰动。建立生态基本用水保障制度，因地制宜地开发利用非常规水源；加强流域水利工程调度，必要时进行生态补水。

三、维护河湖生态系统健康

1. 强化水生态系统保护

注重生态要素，建立统筹水资源、水生态、水环境的规划指标体系，实现"有河要有水，有水要有鱼，有鱼要有草，下河能游泳"的目标要求，通过努力让断流的河流逐步恢复生态流量，生态功能遭到破坏的河湖逐步恢复水生动植物，形成良好的生态系统。对群众身边的一些水体，进一步改善水环境质量，满足群众的观景、休闲、垂钓、游泳等亲水要求。

在河湖水环境治理工作中，要把以往受制于区域分割的局面，以及规划项目与环境改善目标脱钩、盲目上项目的情况，转变为围绕具体河流先研究问题，提出目标并分析评估，按照轻重缓急，上下游配合，左右岸联手，有序采取针对性措施，对症施策，精准治污，实现生态环境质量改善的目标。在水环境改善的基础上，更加注重水生态保护修复，注重人水和谐，让群众拥有更多对优美生态环境的获得感和幸福感。

生态环境建设对水资源保护利用起了有利的作用，同时，它也要消耗一定的水量。保障生态环境需水，有助于流域水循环的可再生性维持，是实现水资源可持续利用的重要基础。

2. 保护水生生物多样性

我国的大江大河出现淡水生物多样性下降的现象。淡水生物多样性通常可以从大宗水产品的渔获量和旗舰物种的种类、数量中反映出来。

针对不同物种的濒危程度和致危因素，制定保护规划，完善管理制度，落实保护措施，开展珍稀濒危物种人工繁育和种群恢复工程，提升水生生物多样性保护能力和水平。推进水产健康养殖。加快编制养殖水域滩涂规划，依法开展规划环评，科学划定禁止养殖区、限制养殖区和允许养殖区。加强水产养殖科学技术研究与创新，推广成熟的生态增养殖、循环水养殖、稻渔综合种养等生态健康养殖模式，推进养殖尾水治理。加强全价人工配合饲料推广，逐步减少冰鲜鱼直接投喂，发展不投饵滤食性、草食性鱼类养殖，实现以鱼控草、以鱼抑藻、以鱼净水，修复水生生态环境。加强水产养殖环境管理和风险防控，减少鱼病发生与传播，防止外来物种养殖逃逸造成开放水域种质资源污染。推进重点水域禁捕，科学划定禁捕、限捕区域。加快建立长江等流域重点水域禁捕补偿制度，统筹推进渔民上岸安居、精准扶贫等方面政策落实，通过资金奖补、就业扶持、社会保障等措施，健全河流湖泊休养生息制度，在长江干流和重要支流等重点水域逐步实行合理期限内禁捕的禁渔期制度。

长江上游是我国生物多样性最丰富的地区之一，当前国家正在进行西部大开发，包括长江上游在内的西部地区丰富的水电资源将逐步进行开发和利用，因此，应该把三峡工程对生物多样性的保护工作，与整个长江上游梯级开发规划一起进行综合研究。长江江豚是全球唯一的江豚淡水亚种，已在地球上生存 2500 万年，被称作长江生态的"活化石"和"水中大熊猫"，仅分布于长江中下游干流以及洞庭湖和鄱阳湖等区域，长江江豚的出现和数量多少是长江水生态健康的一个重要指标。长江江豚如图 4-4 所示。在科学评价不同河段或支流及其汇水区的水力资源开

图 4-4　国家一级保护动物——
长江江豚

发价值和生物多样性价值的基础上，对开发和保护问题进行综合规划，统筹安排，开发和保护并重，以保障长江上游地区的经济可持续发展，生物多样性得到有效保护。

拓展阅读　　　　　　　　　　　　　　　　　　**渔获量和旗舰物种**

渔获量是指在渔业生产过程中，人类于天然水域中获得的具有经济价值的水生生物的质量或重量。

旗舰物种（flagship species），指某个对社会生态保护力量具有特殊号召力和吸引力，可促进社会对物种保护的关注的物种，是地区生态维护的代表物种。这类物种的存亡一般对保持生态过程或食物链的完整性和连续性无严重的影响，但其魅力（外貌或其他特征）赢得了人们的喜爱和关注，如大熊猫、白鳖豚、金丝猴等，这类动物的保护易得到更多的资金，从而保护了大规模的生态系统。

四、建设生态宜居水美乡村

按照实施乡村振兴战略的要求，以开展农村水系综合整治，加强农村水污染治理，发展乡村水美经济为重点，大力推进生态宜居乡村发展，打造各具特色的生态宜居美丽村庄，传承乡村文化，留住乡愁记忆。

1. 开展农村水系综合整治

针对农村水系存在的淤塞萎缩、水污染严重、水生态恶化等突出问题，立足乡村河流特点和保护发展需要，以县域为单元、河流为脉络、村庄为节点，通过清淤疏浚、岸坡整治、水系连通、水源涵养与水土保持等多种措施，集中连片推进，水与岸线并治，结合村庄建设和产业发展，开展农村水系综合整治，不断增强人民群众的获得感、幸福感、安全感。

2. 加强农村水污染治理

农村水污染具有来源面广、较分散、难收集的特点，排放水质及水量波动大，有机物、氨氮和磷等营养物含量高，应考虑当地的自然环境，辩证地选择适合的污水处理工艺。在保证出水水质的情况下，尽量选择能耗小、运维便宜的工艺（在四季光照充足或风量较大的地区可以考虑光伏和风能发电为设备运行提供能源），减少当地政府的运维负担。对于不便于铺设管道的地区，可利用分散式一家一站或几家一站的模式进行生活污水处理。对于便于铺设管网的区域，可实现中小型污水处理站进行污水处理，或并入现有污水处理厂。

3. 发展乡村水美经济

把水与村庄紧密结合起来，实施农田林网工程，形成以水系为脉、田园为底、林带成网的生态网络。大力经营河湖资源，实施小水电生态景观化改造。发展生态农业、旅游等水美经济，切实转向生态化的生活生产方式，提供优良水生态产品，为农村产业兴旺、农民生活富裕增添新动能。

五、坚持山水林田湖草沙一体化保护和系统治理

1. 推进山水林田湖草沙一体化保护和系统治理

"山水林田湖草沙是一个生命共同体"的理念和原则，论述了生命共同体内在的自然规律，进一步唤醒了人类尊重自然、关爱生命的意识和情感，为新时代推进绿色发展提供了行动指南。全力保护自然、修复生态，还自然以宁静、和谐、美丽。推动绿色发展，促进人与自然和谐共生。

推进生态文明建设，要更加注重综合治理、系统治理、源头治理，按照生态系统的整体性、系统性及其内在规律，统筹考虑自然生态各要素、山上山下、地上地下、岸上水里、城市农村、陆地海洋以及流域上下游，进行整体保护、系统修复、综合治理，增强生态系统循环能力，维护生态平衡。山水林田湖草沙是一个生命共同体，是水土流失发生、发展、相互作用的自然系统，也是区域发展的经济系统。统筹山水林田湖草沙系统治理，注重流域地理单元的完整性、生态系统的系统性、生态要素的关联性、生态斑块的连通性、发展保护的协调性，是建立水安全生态体系的重要思路，构建了水安全生态保护屏障。

党的二十大报告指出，要推进美丽中国建设，坚持山水林田湖草沙一体化保护和系统治理，明确提出了"提升生态系统多样性、稳定性、持续性""加快实施重要生态系统保护和修复重大工程""推行草原森林河流湖泊湿地休养生息"等要求。因此要推进产业结构调整、污染治理、生态保护、应对气候变化，协同推进降碳、减污、扩绿、增长，推进生态优先、节约集约、绿色低碳发展。

一是加快发展方式绿色转型。加快推动产业结构、能源结构、交通运输结构等调整优化。实施全面节约战略，推进各类资源节约集约利用，加快构建废弃物循环利用体系。完善支持绿色发展的财税、金融、投资、价格政策和标准体系，发展绿色低碳产业，健全资源环境要素市场化配置体系，加快节能降碳先进技术研发和推广应用，倡导绿色消费，推动形成绿色低碳的生产方式和生活方式。

二是深入推进环境污染防治。持续深入打好蓝天、碧水、净土保卫战。加强污染物协同控制，基本消除重污染天气。统筹水资源、水环境、水生态治理，推动重要江河湖库生态保护治理，基本消除城市黑臭水体。加强土壤污染源头防控，开展新污染物治理。提升环境基础设施建设水平，推进城乡人居环境整治。

三是提升生态系统多样性、稳定性、持续性。加快实施重要生态系统保护和修复重大工程。推进以国家公园为主体的自然保护地体系建设。实施生物多样性保护重大工程。科学开展大规模国土绿化行动。深化集体林权制度改革。推行草原森林河流湖泊湿地休养生息，实施好长江十年禁渔，健全耕地休耕轮作制度。建立生态产品价值实现机制，完善生态保护补偿制度。加强生物安全管理，防治外来物种侵害。

四是积极稳妥推进"碳达峰""碳中和"。立足我国能源资源禀赋，坚持先立后破，有计划分步骤实施"碳达峰"行动。完善能源消耗总量和强度调控，重点控制化石能源消费，逐步转向碳排放总量和强度"双控"制度。深入推进能源革命，加强煤炭清洁高效利用，加大油气资源勘探开发和增储生产力度，加快规划建设新型能源体系，统筹水电开发和生态保护，积极安全有序发展核电，加强能源产供储销体系建设，确保能源安全。完善碳排放统计核算制度，健全碳排放权市场交易制度。提升生态系统碳汇能力，积极参与应对气候变化全球治理。

2. 扎实推动新时代水土保持高质量发展

党的十八大以来，我国水土保持工作取得显著成效，水土流失面积和强度持续呈现"双下降"态势，但我国水土流失防治成效还不稳固，防治任务仍然繁重。党的二十大报告强调，推动绿色发展，促进人与自然和谐共生。因此，需要加强水土保持生态建设，牢固树立和践行绿水青山就是金山银山的理念，以推动高质量发展为主题，以体制机制改革创新为抓手，加快构建党委领导、政府负责、部门协同、全社会共同参与的水土保持工作格局，全面提升水土保持功能和生态产品供给能力，为促进人与自然和谐共生提供有力支撑。

水土保持是江河保护治理的根本措施，是生态文明建设的必然要求。中共中央办公厅、国务院办公厅印发的《关于加强新时代水土保持工作的意见》，提出坚持生态优先、保护为要，坚持问题导向、保障民生，坚持系统治理、综合施策，坚持改革创新、激发活力。到 2025 年，水土保持体制机制和工作体系更加完善，管理效能进一步提升，人为水土流失得到有效管控，重点地区水土流失得到有效治理，水土流失状况持续改善，全国水土保持率达到 73%。到

2035年，系统完备、协同高效的水土保持体制机制全面形成，人为水土流失得到全面控制，重点地区水土流失得到全面治理，全国水土保持率达到75%，生态系统水土保持功能显著增强。

要全面加强水土流失预防保护，建立水土保持空间管控制度，分类分区采取差别化保护治理措施，抓好水土流失源头防控，加大重点区域预防保护力度，提升生态系统水土保持功能。要依法严格人为水土流失监管，健全监管制度和标准；创新和完善监管方式，加强协同监管；强化企业责任落实；加强全链条全过程监管，加大违法违规行为惩治力度。要以流域为单元，加快重点区域水土流失治理，全面推动小流域综合治理（图4-5）提质增效，大力推进坡耕地水土流失治理，抓好泥沙集中来源区水土流失治理。要健全水土保持规划体系，完善水土保持工程建管机制，加强目标责任考核，加快构建更为完备的监测体系，大力推动水土保持科技创新。要认真落实中央统筹、省负总责、市县乡抓落实的工作机制，逐级压实责任，确保党中央、国务院决策部署落到实处，加强投入保障，强化宣传教育，为推动绿色发展，促进人与自然和谐共生作出应有贡献。

图4-5 小流域综合治理示意图

3. 加强江河湖泊保护和复苏

聚焦河湖突出问题，开展专项整治，推动江河湖泊面貌根本性改变。大力整治非法建设、非法围垦河湖、乱扔垃圾、弃置固废、非法采砂堆砂等"四乱"问题，同时对受损岸线进行修复，因地制宜建设景观绿地，构建亲水平台，打造绿色廊道，恢复水生态空间，打造河畅、水清、岸绿、景美的幸福河湖景象。

以流域为单元，紧盯断流河道和萎缩湖泊，按照一河一策、靶向施策的原则，组织实施母亲河湖复苏行动，加快修复河湖生态环境，还河湖以休养生息空间，让河流恢复生命、流域重现生机，让人民群众进一步享受到绿水青山美好生态环境。

第四节　案　例　分　析

任务导引：以长江流域十年禁渔为例，对水生态系统存在的问题进行分析，引导学生认识水生态安全对保护生物多样性的重要意义，加深对水生态安全的理解。

背景介绍：2020 年 12 月 31 日，长江流域重点水域"十年禁渔"全面启动。

4-5
长江十年禁渔

2021 年 11 月 23 日，据中国渔业协会报道，长江流域"十年禁渔"初显成效。记者从 11 月 19 日在合肥举办的第五届中国现代渔业暨渔业科技博览会"长江生态保护与渔业发展论坛"上获悉，相关初步监测结果显示，随着长江全面禁捕工作的推进落实，长江常见鱼类资源有恢复的趋势，长江生态环境尚存的小型受威胁鱼类种群有恢复的迹象。

据腾讯网报道，长江禁渔效果显著，2021 年 3 月，人们在长江扬州段六圩河口附近江面看到了一幕壮观的场景，在靠近江边的浅水水域，密密麻麻的都是鱼，鱼群长度蔓延 20～30m。鱼群时不时会跃出水面，附近还有大鱼在游动，猜测应该是大鱼在捕食小鱼。在过去，鱼群追逐嬉戏、捕食的场景非常常见，但因为过度捕捞，航运、大坝以及污染等多种因素，这些年来长江的鱼群数量越来越少，规模也越来越少，像这样蔓延 20～30m 的鱼群更是罕见。鱼群枯竭的场景在 2020 年开始好转，这一年我国正式开始实施长江十年禁渔策略（部分水域早已经开始实施）。

在这种保护措施之下，一些繁殖能力强的鱼群率先开始恢复，比如青鱼每次产卵量 60 万～100 万粒；鲢鱼每次产卵量 20 万～25 万粒，1 个繁殖季节就会产生大量后代。

除了鱼群聚集之外，长江江豚出现的次数也越来越多了。长江江豚是长江生态链的指示性物种，它们是顶级食肉动物，如果当地鱼群数量减少，它们就会因为食物匮乏而逐步走向灭绝；反过来，鱼群数量较多时，长江江豚的幼崽存活率较高，种群就会慢慢恢复。

令人惊喜的是，在武汉江段，2021 年发现了长江江豚四次，而且都是以"组团"的形式被发现，其中最大的种群有 12 头长江江豚。不得不说，禁渔还是非常有效的，短短一年的时间，长江江豚的数量已经有了明显增加。

无论是长江鱼群蔓延 20～30m，还是长江江豚频频现身，这些都说明了长江禁渔效果显著，生态环境整体朝着好的方向发展。

2022 年 6 月 23 日，据长江网报道，有科研人员在湖北孝感长江水域附近采集到了一种非常珍贵的鱼类样本。这是一种叫鳤的鱼，当地人也叫它为刁子鱼，一般身长仅为 30cm 上下。鳤鱼作为在长江中生活的鱼类，已经很长时间没有出现过了，以至于专家都认为生活在长江以北的鳤鱼早已灭绝，它们再次出现在长江以北地区，充分说明了长江为期十年的禁渔计划取得了一定的成效。

长江进行十年的禁渔活动不仅可以为一些常见鱼种提供至少 2 代的繁殖周期，还限制了人类活动对长江的破坏，在一定程度上能够改善长江的生态环境。2022 年作为长江禁渔的第二年，已经起到了显著效果，在长江内生活的特有鱼群的数量一直保持着持续增加的状态，还有一些绝迹的鱼类也再次出现。

要点分析与启示

1. 实施长江十年禁渔的重要性和必要性

长江是世界第三、亚洲第一大河，是中华民族的母亲河、生命河，拥有水生生物 4300 多种，其中鱼类 400 多种，特有鱼类 170 多种，生态地位特殊，保护意义重大。但是，长期以来受多种高强度人类活动的影响，长江水域生态环境不断恶化。

影响长江水生生物资源持续衰退的因素是多方面的，拦河筑坝、水域污染、挖砂采石、航道整治等都对特定范围特定物种产生不同程度的影响，但毫无疑问过度捕捞的影响是最为直接也是非常显著的。因此，实施长江重点流域禁渔是落实长江经济带共抓大保护措施、扭转长江生态环境恶化趋势的关键之举。根据中央部署，从 2021 年 1 月 1 日零时起，长江流域重点水域开始实行十年禁渔。

2. 长江禁渔十年的科学性和合理性

长江禁渔十年主要基于三方面考量，主要体现在以下方面。

一是从生物增长规律看，主要是考虑"四大家鱼"（青、草、鲢、鳙）等长江常见鱼类，通常需要生长 3～4 年才能繁殖，连续禁渔十年，它们将有 2～3 个以上世代的繁衍，种群数量可显著增加，水生生物资源将得到比较明显恢复。

二是从渔业转型升级看，通过补偿补助、转产安置、社会保障等综合措施，禁捕水域涉及的 11.1 万渔船、23.1 万渔民，实现了应退尽退。这些渔民大部分50岁以上，实行十年禁渔，通过政策从根本上破解了千家万户竞争性捕捞的"公地悲剧"，将为重构长江渔业资源保护和合理开发利用制度提供重要窗口期。

　　三是从生态系统保护看，以空前严格的措施实施禁渔，关乎长江水生生物的多样性。2020年11月，习近平总书记在江苏南通考察调研时指出："长江'十年禁渔'是一个战略性举措，主要还是为了恢复长江的生态。10年后我们再看效果。"因此，十年的禁渔期只是一个暂定的时间安排，期满后还要根据生态资源的恢复情况确定后续管理政策。

 拓展思考

怎样深入推进长江十年禁渔取得实效？

作业与思考

一、判断题

1. 生态用水是近几年随着生态环境逐渐恶化而提出的新概念。（　　）

2. 一些珍稀鱼类的灭绝不属于水生态安全概念的范畴。（　　）

3. 生态需水量是一个临界值。（　　）

二、单项选择题

1. 重视河湖生态安全，要坚持以（　　）是一个生命共同体。

A. 山水林田　　　　　　　　　B. 山水林田湖

C. 山水林田湖草沙　　　　　　D. 山水林田湖路

2. 为保护天然河流、湖泊、沼泽及其相关生态系统的结构和功能所要求的标准，所需要的水量称为河道内（　　）。

A. 洪水流量　　　　　　　　　B. 保护流量

C. 河湖流量　　　　　　　　　D. 天然生态需水量

三、多项选择题

1. 水生态安全保障措施包括以下哪些方面？（　　）

A. 强化水生态空间管控　　　B. 合理配置生态用水

C. 维护河湖生态系统健康　　D. 建设生态宜居水美乡村

E. 加强水土保持生态治理

F. 坚持山水林田湖草沙一体化保护和综合治理

2. 农村水污染具有哪些特点？（　　）

A. 源面广、较分散、难收集　　　B. 排放水质及水量波动大

C. 有机物含量高　　　　　　　　D. 氨氮和磷等营养物含量高

3. 水土保持工程有哪些优点？（　　）

A. 削减洪水流量　　　　　　　　B. 充分拦蓄和利用降水资源

C. 控制土壤侵蚀　　　　　　　　D. 改善生态环境

第五章
水环境安全

随着工业化进程的加快，人类用水活动不断增加，水污染事件时有发生，水环境面临着前所未有的压力，是受人类干扰和破坏最严重的领域，水环境的污染和破坏已成为当今世界主要的环境问题之一，其安全问题也得到了国际社会的广泛关注。

第一节 概 念 及 相 关 知 识

一、水环境

水环境是指自然界中水的形成、分布和转化所处空间的环境，是指围绕人群空间及可直接或间接影响人类生活和发展的水体，其正常功能的各种自然因素和有关的社会因素的总体（图5-1）。也有的指相对稳定的、以陆地为边界的天然水域所处空间的环境。地表水环境包括河流、湖泊、水库、海洋、池塘、沼泽、冰川等，地下水环境包括泉水、浅层地下水、深层地下水等。按照环境要素的不同，水环境可以分为海洋环境、湖泊环境、河流环境等。水环境是构成环境的基本要素之一，是人类社会赖以生存和发展的重要场所。图5-1为水环境示意图。

二、水环境质量标准

水环境质量标准也称水质量控制，是为控制和消除污染物对水体的污染，以及为保护人体健康和水的正常使用而对水体中污染物或其他物质的最高容许浓度，根据水环境长期和近期目标而提出的质量标准。

按照水体类型，可分为地表水环境质量标准（表5-1）、地下水环境质量

图 5-1 水环境

标准和海水环境质量标准；按照水资源的用途，可分为生活饮用水水质标准、渔业用水水质标准、农业用水水质标准、娱乐用水水质标准、各种工业用水水质标准等；按照制定的权限，可分为国家水环境质量标准和地方水环境质量标准。

表 5-1 　　　　　　　　地表水环境质量标准基本项目标准限值

序号	项　目	Ⅰ类	Ⅱ类	Ⅲ类	Ⅳ类	Ⅴ类
1	水温/℃	人为造成的环境水温变化应限制在： 周平均最大温升≤1 周平均最大温降≤2				
2	pH 值（无量纲）	6～9				
3	溶解氧/(mg/L)，≥	饱和率90%（或7.5）	6	5	3	2
4	高锰酸盐指数/(mg/L)，≤	2	4	6	10	15
5	化学需氧量（COD)/(mg/L)，≤	15	15	20	30	40
6	五日生化需氧量（BOD₅)/(mg/L)，≤	3	3	4	6	10

续表

序号	项　目	Ⅰ类	Ⅱ类	Ⅲ类	Ⅳ类	Ⅴ类
7	氨氮（NH_3-N）/（mg/L），≤	0.15	0.5	1.0	1.5	2.0
8	总磷（以 P 计）/（mg/L），≤	0.02（湖、库 0.01）	0.1（湖、库 0.025）	0.2（湖、库 0.05）	0.3（湖、库 0.1）	0.4（湖、库 0.2）
9	总氮（湖、库，以 N 计）/（mg/L），≤	0.2	0.5	1.0	1.5	2.0
10	铜/（mg/L），≤	0.01	1.0	1.0	1.0	1.0
11	锌/（mg/L），≤	0.05	1.0	1.0	2.0	2.0
12	氟化物（以 F^- 计）/（mg/L），≤	1.0	1.0	1.0	1.5	1.5

注 资料来源于《地表水环境质量标准》（GB 3838—2002）。

　　水环境质量直接关系着人类生存和发展的基本条件。水环境质量标准是制定污染物排放标准的根据，同时也是确定排污行为是否造成水体污染及是否应当承担法律责任的根据。《中华人民共和国水污染防治法》规定，国务院环境保护部门制定国家水环境质量标准，省、自治区、直辖市人民政府可以对国家水环境质量标准中未规定的项目，制定地方补充标准，并报国务院环境保护部门备案。

三、水环境承载能力

　　人类社会进入 20 世纪后，生产力飞速发展，环境污染日趋严重，在某些地区，资源的掠夺性开发及环境污染已威胁着人类自身的生存，人们开始思考一些问题：这种生活模式能够维持多久？什么是健康的经济发展模式？因而提出了"可持续发展"的概念。1987 年，世界环境与发展委员会及挪威首相布伦特兰（Brundtland）发布了《我们共同的未来》这份著名的纲领性报告，可持续发展的概念被定义为"既满足当代人的需要，又不对后人满足其自身需要的能力构成危害的发展"。为了实现可持续发展，人们很自然地提出了"环境承载能力"的概念，即人们寻求的资源开发程度和污染水平，不应超过环境承载能力。由此可知，水环境承载能力是指在一定的水域，其水体能够被继续使用并保持良好生态系统时，所能容纳污水及污染物的最大能力。

四、水环境安全的概念

环境安全是在环境问题日益突出的背景下提出的，当环境遭到污染和破坏时，若其在环境自净能力之内，即环境在一定时期内可恢复到原来的状态，那么可以认为这种破坏对环境系统来说是安全的。

5-1

水环境安全
概念

"水环境安全"是20世纪70年代提出的重要概念，是指水体的形成、分布和转化所处空间的环境在一定时期内能够恢复自净、能够保障人类社会各个系统的协调稳定发展及可持续发展的一种状态（图5-2）。水环境安全的内涵包括三方面的内容：一是水环境安全的自然属性，即水环境安全问题是水体的量、质以及时空分布变化产生的问题；二是水环境安全的社会属性；三是水环境安全的人文属性，人类过度开发和利用水资源，造成了水环境破坏，引发水环境安全问题，会使人类产生危机感。

图5-2　水环境安全

五、水环境安全的影响因素

影响水环境安全的因素从宏观上来说，一是自然因素，就是水本身的因素，与自身自净能力、气候、水土流失等有关；二是人为因素，主要是过度开发水资源，造成河湖生态环境恶化、水污染严重，超出纳污能力，造成水环境承载能力降低。

水污染问题日益凸显，已经成为影响我国水环境安全最突出因素。比较典型的有重金属超标问题和水体富营养化问题等水质污染问题。

1. 重金属超标

重金属是地球环境中普遍存在的一种污染物，它性质稳定，难以分解，毒性大，且能通过食物链层层累积，最终对人类及其他生物体造成重大危害，甚至可能导致生物体的畸变或癌变。重金属污染物可通过农业、工业及生活废水的排放进入水体，并能缓慢地沉积到底泥中，进入底泥的重金属不但容易被底栖动物所误食，还会被再次释放到上覆水，造成水体的重金属二次污染。水体一旦被重金属污染，就很难通过生态系统的自净能力来消除，只能通过化学沉淀与底泥结合或发生物理化学作用而分散、富集和迁移。比如爆发于 20 世纪 30 年代的镉污染事件，日本神通川流域镉的超标造成周围的耕地和水源皆受到污染。2005 年，广东北江镉污染事件轰动全国。2012 年，广西龙江也爆发了重金属镉超标事件，污染导致大约 28.1 万尾鱼死亡，附近群众的生活用水受到较大的影响。

2. 水体富营养化

水体富营养化是由于氮、磷等营养物质过多地排入到水体中而造成的生态异常现象，常会引发赤潮，影响鱼类的生存，恶化生态系统。无机氮主要来源于流域内农田氮肥化肥的使用和流失，以及生活污水的排放；无机磷则来源于沿岸地区的排放和外海的输入。由于水体营养程度的上升，水体中浮游生物的生产率也随之增加，因此适当的水体营养化是有益于水产养殖和渔业生产的，但是人类的活动往往会影响水体生态系统本身的平衡，从而引起富营养化。富营养化会导致浮游生物的大量繁殖，降低水体的透明度，同时，繁殖过程和繁殖过程中产生的有机物的腐烂过程会消耗大量的氧气，影响了深水域生物的生长。并且，在深层的缺氧环境中，厌氧细菌的新陈代谢会消耗硝酸盐和硫酸盐，产生硫化氢、氨气等有毒气体，导致底栖生物的大量死亡，这又让厌氧细菌有了更多的原料而迅速繁殖，造成恶性循环。由此，富营养化最终会改变水体中生物的结构，也使得整个生态平衡发生改变。我国的水体富营养化现象非常严峻，武汉东湖、南京玄武湖、杭州西湖、济南大明湖等湖泊均受到过富营养化作用的影响，经过 20 多年治理，滇池仍属轻度污染、中度富营养。沿海赤潮也时有发生，河北黄骅县到天津塘沽的 100 多里沿海曾出现过罕见的大规模赤潮，造成养虾产业的严重损失。1998 年香港海与广东珠江口附近海域发生赤潮事件，给香港和内陆都造成巨额经济损失。

拓展阅读　　　　　　　　　　　　滇池和太湖水污染事件

早在"九五"时期，我国就启动了"三湖""三河""两区"的污染防治，这也是我国历史上首次对重点湖泊、河流以及地区进行污染治理。其中，"三湖"就包括滇池。20 多年过去了，滇池的水污染问题仍然没有完全解决。

生态环境部发布的《2020 年全国地表水环境质量状况》显示，滇池仍属轻度污染、中度富营养，主要污染指标为化学需氧量和总磷。与"三湖"中的太

5-2
太湖水环境
安全问题

湖和巢湖相比，滇池虽然同属轻度污染，但富营养程度在"三湖"中最高。

2007年太湖蓝藻污染事件（图5-3），发生于2007年5月、6月间，造成无锡全城自来水污染。生活用水和饮用水严重短缺，超市、商店里的桶装水被抢购一空。该事件主要是由于水源地附近蓝藻大量堆积，厌氧分解过程中产生了大量的 NH_3、硫醇、硫醚以及硫化氢等异味物质。

图5-3 太湖蓝藻

第二节 水环境安全面临的挑战和问题

"十三五"时期，我国重点流域水环境综合治理工作有序推进，一批专项规划和重大治理工程顺利实施。自实施《水污染防治行动计划》以来，以改善水环境质量为核心，加快推进水污染治理。经过努力，重点流域水环境质量总体稳定向好，据《2021年全国生态环境状况公报》公布数据，2021年，在3641个国家地表水考核断面中，水质优良（Ⅰ～Ⅲ类）断面比例为84.9%，与2020年相比上升了1.5个百分点；劣Ⅴ类断面比例为1.2%，人民群众获得感显著增强，水安全保障进一步增强，对推进全国生态文明建设，打赢污染防治攻坚战作出了重大贡献。

我国水生态环境形势依然严峻，水体富营养化、饮用水源地污染、地下水与近海海域污染、新污染物等水环境问题未得到根本解决，面临着高质量发展与水环境治理相互矛盾的压力。

一、发展与治理之间的平衡面临挑战

"十四五"时期，我国发展仍处于重要战略机遇期，新型工业化深入推

5-3

水环境安全
面临的挑战
与问题

进，城镇化率处于快速增长区间，工业、生活、农业等领域污染物排放压力持续增加，重点流域水环境质量改善成效尚不稳固，氮磷等污染物削减难度大，与点源污染治理相比，面源污染起步晚、投入少，治理规模小，面临既要还旧账、又要不欠新账的双重压力。"十四五"时期，在面源污染防治等方面实现突破，主要水污染排放总量持续减少，但水环境持续改善等任务仍然艰巨。进一步完善流域综合治理体系，提升流域水环境综合治理能力和水平，更好适应新阶段发展需求仍面临较大挑战，统筹推进流域环境保护和高质量发展任重道远。

二、污染排放负荷大，污染治理任务重

（1）生活污水排放不断增加。随着城镇化进程的加快，人口高度集聚于城市区域，用水需求的大幅提高，生活污水不断增加，加剧了地区的水环境压力，城镇污水处理能力不足等问题逐渐凸显。

（2）工业废水污染物增多。随着城市化和工业化快速发展，工业废水又是水污染防治的重中之重，距全面达标排放仍有较大差距。虽然我国工业废水排放量总体保持相对稳定，化学需氧氮等常规污染物排放有所下降，但污染物的种类不断增加，危害性有所上升，特别是重金属、持久性有机污染物、环境激素等多种有毒有害物质的污染日趋普遍和严重。

（3）农业面源污染日益突出。农业面源污染已成为主要污染负荷来源，但由于其量大面广、资金投入不够等原因，农业面源污染尚未得到有效控制。

（4）乡村环境治理依然滞后。城乡发展和环境治理进度差异较大，乡村环境基础设施建设滞后，农村生活污水治理率仅为 25.5％，远低于城镇。

（5）湖库富营养化形势依然严峻。2021 年，在我国监测的 210 个重点湖库中，水质优良（Ⅰ～Ⅲ类）的湖库个数占比为 72.9％；劣Ⅴ类水质的湖库个数占比为 5.2％。在 209 个监测营养状态的湖库中，中度富营养的湖库有 9 个，占比为 4.3％；轻度富营养的湖库有 48 个，占比为 23％；其余湖库为中营养或贫营养状态。全国湖库水质总体进一步改善，但藻类生物量逐年升高；太湖、巢湖以及滇池的氮磷含量逐渐降低，但水华发生频率和范围未明显改善。

三、水环境风险日益凸显，水环境安全压力加大

一是有毒有害物质检出频繁。全国有近 5000 家化学品企业距离饮用水水源保护区等环境敏感区不足 1km。根据有关调查，我国水源地检出 132 种有机物

污染，其中 103 种属于国内外优先控制的污染物。中国环境科学研究院等研究机构在长江、沱江、松花江、珠江流域的野生鱼类和甲壳类体内检测出多环劳经、汞、镉等物质；二是爆发重大环境公害事件的风险较大。我国局部地区经历过重污染企业畸形发展时期，对区域内群众健康形成威胁。中国疾病预防控制中心研究结果表明，淮河流域重污染地区和消化道肿瘤高发区的分布高度一致。还有一些地区因长期饮用高氟水导致黄牙和疾病，以及其他重金属超标的污染水源，导致的一些地区性疾病如"癌症村"的产生。相当一部分中小企业污染治理水平低下，管理水平粗放，部分地区历史遗留污染问题突出，这些都有可能导致重大环境公害事件的爆发。

四、相关法律法规需要进一步完善

我国目前直接涉及水环境风险管理法规制度建设虽然取得了积极进展，但总体上环境风险管理在环境管理体系中的地位相对较弱，部分关键环节和内容风险防控的可操作性及力度不够。如《中华人民共和国水污染防治法》中有关于有毒有害水污染物的规定，形成了我国水环境风险管理的基本制度，但未明确有毒有害水污染物风险管理的总体思路和实施路径；《有毒有害水污染物名录（第一批）》中的污染物数量还比较有限（金属 5 项，有机物 5 项），随着源头防控与污染治理工作的推进，名录需要不断完善更新；此外，环境影响评价法针对风险防控的着力点在准入制度上，规定对规划和建设项目实施后的环境影响进行评估并提出对策和措施，但对项目建设完成后跟踪评估的规定相对弱化。

第三节　水环境安全保障措施

一、坚持绿色发展理念

正确处理水环境安全保障与经济社会高质量发展的关系，需坚持绿色发展理念，按照党的二十大报告"统筹水资源、水环境、水生态治理，推动重要江河湖库生态保护治理，基本消除城市黑臭水体"的要求，设立流域水资源利用上限、水环境质量底线、水生态保护红线，谋划好水环境保护、水污染治理、水环境监测。注重保护与发展的协同性、联动性、整体性，从过度干预、过度利用向节约优先、自然恢复、休养生息转变，以水定城、以水定地、以水定人、以水定产，促进经济社会发展与水资源水环境承载能力相协调，推动经济

5 - 4

水环境安全
保障措施

社会高质量发展。

二、严格控制入河排污总量

目前，我国工业化、城市化仍处于快速发展阶段，中长期用水总量和废水排放量仍呈上升的态势，再加上现行的水污染物排放标准偏低，总体上水环境恶化的趋势尚未得到根本遏制。为推动水环境质量的整体改善，有关部门要打破行业界限与部门分割，深入贯彻落实最严格水资源管理制度，严格控制入河排污总量。

1. 控制入河排污总量的原则

一是坚持可持续发展的原则。既要严格控制入河排污总量，又要对经济社会发展有所前瞻和预见，为未来发展留有余地，推动经济社会发展与水资源水环境承载能力相协调。

二是坚持水质逐步改善的原则。强化对河流保护区、饮用水水源地、缓冲区及保留区等重要水功能区的保护。对现状已达标的水功能区维持现状水质不退化；对污染物入河控制任务较轻的区域，宜先期按要求达标；对水质现状差、污染物入河量较大的区域，分阶段提出限制排污总量。

三是坚持排污总量控制的原则。依据河流不同水功能区功能定位和水质目标，考虑区域水资源自然属性及其开发利用情况，以水功能区纳污能力为基础，结合不同水平年水功能区达标目标，重点针对水质不达标和超载的水功能区，合理确定分阶段限制排污总量控制方案。

2. 控制入河排污总量的措施

一是划分水功能分区，分区核定纳污能力。根据流域不同河段不同地区的环境容量，合理确定开发方向和强度，规范空间开发秩序，协调经济社会发展与资源环境保护的矛盾。首先，科学核定不同河段、不同区域水环境和水生态功能，按照水功能区的要求，严格实施水质目标管理。其次，通过分类考核、财政转移支付、生态补偿等措施，统筹协调流域发展与保护、流域上下游之间的关系。再次，将水生态功能分区作为总量控制目标、污染控制措施、环保准入条件、产业结构调整政策、减排重点工程以及生态保护措施等河流水环境分类管理的基本单元。

二是加强污染源头防控。落实水功能区限制纳污红线管理，严格控制入河湖排污总量。强化源头减排，降低入河湖污染负荷。充分考虑水资源承载能力和环境容量，梳理确定发展布局、结构和规模；强化过程控制，构筑河湖污染的拦截防线。如加强城镇雨污分流和污水收集管的配套建设，提高污水收集率。优化城乡污水处理设施布局，提升城乡污水处理能力，提高污水处理的排放标准。

三是提高人类活动地区的水污染排放标准。我国水污染排放标准有《污水综合排放标准》和《城市污水处理厂排放标准》，实行分级分类管理。该排放标准与《地表水质量标准》未实现对接，对于强人类活动影响下的缺水地区，水环境容量十分有限，导致即使所有污染源都实现达标排放依然不能满足水域环境质量的要求，对于流域污染物排放量远超过水体纳污能力的区域，可推广太湖流域的经验，制定比国家标准更为严格的标准，包括工业企业废水排放标准、城镇污水处理厂排放标准以及面源污染防治标准等。

四是实施严格的污染物总量控制。即控制增量削减存量，降低污染排放总量。通过严格环境准入减少污染物的新增量，依靠污染治理和产业结构调整减少原有排放源的污染物排放量。以流域控制单元为核心，对于达标单元新上产能可以"等量"削减原有污染排放，对于不达标单元新上产能的前提必须是"倍量"削减原有污染排放。目前，我国已将 COD、氨氮作为全国性总量控制指标，并要求主要水污染物排放总量和入河总量持续削减。

三、加强水污染综合治理

1. 联防联控治理水污染

强化流域上下游、干支流"利益共同体"的理念，建立完善全流域水污染防治联动协作机制和水资源调动联动协作机制，统筹水质管理、水量分配和水生态保护，通过体制改革和政策协调，形成共同治理与保护机制。严格执行统一的流域水污染排放标准，并有效加强对排放标准执行的监督，避免上游将污染处理压力转移到下游。

同时，加强污水排放的监督与管理。加强水资源保护社会性宣传，提升广大居民的生态意识，并且自觉成为监督水污染的一员，如果发现污染行为需及时上报相关部门，发挥群众的群体监督职能，同时，相关部门还要疏通和人民群众的沟通途径，设置不同方式的举报热线。

2. 多措并举治理水污染

第一，狠抓工业污染治理，取缔不符合国家产业政策的小型造纸、制革、印染等严重污染水环境的生产项目，加速产业结构升级调整，同时集中治理工业集聚区水污染；对于高污染企业要建设污水监控装置，严禁工业废水和污水随意排放。第二，强化城镇生活污染治理，加快城镇污水处理设施改造，全面加强配套管网建设，推进污泥处理处置。第三，加快推进农业农村污染防治，控制农业面源污染，加快农村环境综合整治；要注重发展生态农业和绿色农业，减少化肥农药等化学药品的使用，采用农业防治、生态防治以及物理防治等措施加强病虫害防治，避免对附近水体造成污染和破坏；畜牧养殖行业要积极探索和发展节水生产新模式，在保证畜禽饮水的基础上节约水源，能够减少污水的产生。第四，水污染治理应与生态系统修复相结合，构建健康的水生态系统。加快实施全流域生态系统修复工程，重视水网、湿地、林地等多种生态系统的协同治理与修复，保护流域生物多样性，增强流域生态产品的生产能力，完善生态系统服务功能，保障生态系统健康安全。

3. 两手发力治理水污染

拓宽投资渠道，将水资源节约、保护和管理作为公共财政的优先支出领域，设立水资源保护补偿专项基金，加快扭转水资源保护长期投入不足、投入渠道不畅、建设严重滞后的局面。加快实施一批水源地安全保障、入河排污口整治、水生态修复、水资源监测等水资源保护重大工程，坚持以政府财政性资金为主，充分发挥政府在水资源保护中的主导作用。健全市场化机制，完善相关政策体系和财政制度安排，鼓励和引导社会资本投入水资源保护工程建设，引导企业和社会广泛参与水资源保护。搭建协商平台，引导和鼓励开发地区、受益地区与保护地区，流域上游与下游通过自愿协商建立横向水生态补偿机制。

4. 强化考核治理水污染

建立完善以水功能区分级分类监督管理、限制排污总量控制为核心的地表水资源保护制度，加快制定和修订水功能区管理、入河排污口管理、取水许可水质管理、入河污染物总量控制、生态用水保障、水生态补偿等有关规章制度；完善突发性重大水污染事件的预警预报体系和应急预案，逐步健全重大水污染事件应急处置机制和制度；强化流域综合管理，以流域管理推动区域联动，完善流域机构在水环境执法中沟通协商、议事决策和争端解决等方面的作用；推进建立以水域纳污能力倒逼陆域污染减排的机制和相应的评估考核制度，将水功能区水质达标、水源地安全达标等纳入地方经济社会发展评价体系和政府政绩考核体系，建立责任追究制度，促进经济社会发展与水资源水环境承载能力相适应。

四、强化水环境监测

水环境监测数据和成果是否具有代表性、准确性和完整性，直接关系到水环境监督执法的公正性以及水环境治理决策的科学性，因此强化水环境监测和提高水环境监测的质量是保障我国水环境安全的必然要求。

1. 完善水环境监测管理体系

以流域为单元，推进建立部门间、流域与区域间监测资源的协调和监测信息的共享机制，完善水功能区风险防控体系。建立流域与区域相结合的水质水量监测预警和应急调度体系，完善流域水污染联防联控机制。水环境监测工作复杂，治理难度系数较高，对于一些重污染区域要做好应急工作制度，联合第三方监测机构与政府部门共同完成水环境监测工作，多方位推进水环境监测工作的高质量开展。

2. 加快水环境监测能力建设

优化水功能区监测站网布局，增强对水源地有毒有机物、抗生素、水生态指标以及突发性水污染事件的监控能力，完善流域和区域相结合、水量水质水生态要求相统筹的水环境保护监测网络和信息管理平台。完善入河排污口台账及管理系统，加强入河排污口计量监控设施建设。对重点水域和控制断面实施水质自动监控，定期组织开展重要饮用水水源地安全指标（包括有毒有机物）监测。逐步开展生态脆弱河流及重要敏感水域水量、水位及水生态的同步监测。

3. 严格执行水环境监测标准

严格执行相关监测标准是提升我国水环境监测质量的关键一步。首先，在制定水环境监测标准时，要结合各地区水环境特点，确保各项标准的可执行性，保证标准能够得到实际落实；其次，在制定监测标准时，要重点关注有机污染物的监测问题，随着有机污染物类型的日益增多，监测种类、监测模式、监测项目还要不断细化，保证各项预警工作的作用得到高效发挥。

4. 加强水环境监测新技术的应用

（1）提升监测能力，推进了水环境监测工作向智能化、自动化、标准化方向发展。推进自动监测技术的应用。自动监测技术可实现对水环境的连续监测，通过对监测数据的实时传输，辅助管理部门做出决策。

（2）推进生物监测技术的应用。生物监测技术是利用生物体对污染物或环境变化所产生的敏感性来判断水体环境的污染程度，可反映出区域长期受污染状况和同一生物对不同污染物类型不同症状反应。通过将生物监测技术与传统理化监测技术联合使用，有效提升环境监测工作的质量。

（3）推进遥感监测技术的应用。遥感监测技术是在不直接接触目标物的情况下，对目标物进行远距离探测、识别，进而获取信息的过程，遥感探测技术不受自然条件与时空限制的影响，具有综合性优异、动态监测、响应迅速等优势，近些年，在水环境监测工作中，遥感技术主要用于废水污染、水体富营养化、石油污染等方面的监测。

（4）推进三维荧光监测技术的应用。三维荧光监测技术是利用荧光强度、波长等参数进行定量、定性监测的技术手段，具有使用方便、灵敏度高、不会破坏待测样等特点，其中，测试物体的组分、浓度、pH 值等对测试结果影响较大。在水环境监测中，三维荧光监测技术主要用湖泊富营养化成因分析、废水生物处理性能评价等方面，但在荧光光谱技术模型等方面还需深入探究。

五、加强突发水环境事件应急管理

由于污染物排放或者自然灾害、生产安全事故等因素，导致水体污染，突然造成或者可能造成水环境质量下降，危及公众身体健康和财产安全，或者造成生态环境破坏，或者造成重大社会影响，需要采取紧急措施予以应对。突发水环境事件应急管理应坚持预防为主、预防与应急相结合的原则，由县级以上地方人民政府统一领导，按照分类管理、分级负责、属地管理为主机制进行处置。要做好事前预防工作，持续开展水污染隐患排查治理，编制应急预案，开展应急演练，针对水污染事件开展环境风险评估。要做好应急处置工作，发生水污染事件后，要做好应急监测，及时发布监测预警信息，启动应急措施。采取措施切断和控制污染源，防止污染蔓延扩散；采取物理和化学手段、调度水工程等措施防止污染物扩散、处置污染水体；必要时，还要转移人员、进行医学救治，维护社会稳定。还要进行事后管理，开展损害评估，组织事件调查，开展环境恢复。

5-5

湘江保护与治理省"一号重点工程"

第四节　案　例　分　析

任务导引：以湘江保护与治理省"一号重点工程"为例，分析水环境存在的问题和治理措施，引导学生加强对水环境安全的认识，意识到水环境安全的重大意义。

背景介绍：湘江治污被列为湖南"一号工程"　三个三年行动计划着手

实施

湘江北去，奔腾不息，孕育了一代代三湘儿女，创造了辉煌灿烂的湖湘文化，但在工业时代，全省 60% 左右的人口、75% 以上的生产总值、60% 以上的污染，负重于湘江一身。

"为子孙后代留下一江清水！"2013 年 9 月，湖南启动实施湘江保护与治理省"一号重点工程"，滚动实施三个"三年行动计划"，全面打响湘江保护与治理的攻坚战和持久战。

第一个"三年行动计划"以"堵源头"为主要任务，重点是堵住工业废水、生活污水和大型畜禽养殖企业的污水排放。第二个"三年行动计划"是"治""调"并举，让沿江工业企业的污水实现循环利用，达到零排放，沿江一般城镇和自然村的生活污水能够达标排放，把农业面源治理摆上议事日程，实施化工区整体搬迁和重化工企业的结构调整。第三个"三年行动计划"抓巩固和提高，使湘江干流水质稳定在三类，多数饮用水源地水质达到二类以上。

湖南省还规定，沿江各市州政府要由"一把手"负总责，实行"一票否决"和"重大环保项目一支笔审批"，并从湘江率先探索实行"环保终身责任追究"制度。同时，湘江保护治理要充分发动广大群众参与，发挥群众和舆论监督作用；时机成熟时，湘江各水质监测断面水质适时要向社会公布。

流域治理是系统工程。2019 年 7 月，湘赣两省共同签署《渌水流域横向生态保护补偿协议》：以两省交界处国家考核渌水金鱼石断面的每月水质为依据，水质月均值达到或优于Ⅲ类，湖南给江西补偿 100 万元；水质劣于Ⅲ类，或当月出现因上游原因引发的水质超标污染事件，江西补偿 100 万元给湖南。两省、两市的水利、环保、河长办等部门随之跟进，推进渌水流域联防联控联治。

株洲在全省率先实施河长制，市、县、乡、村四级河长与民间河长一起巡河，"4+1"轮值执法船日夜坚守，空中有无人机，岸边有监控设备，严控湘江涉水污染。曾经，洗水企业分散于湘江、枫溪港、建宁港沿岸，排放的污水五颜六色，污流中不乏毒废弃物。除水害、提水质、保民生、促产业，株洲开启洗水行业整治，建成全省唯一的洗水工业园。目前，园区洗水企业采用最先进的设备与技术，达到"全国第一、亚洲一流"，每年洗水能力达 1.5 亿件，日处理工业污水 2 万 m^3。原本小而散的"黑产业"，变成新而强的"绿产业"，不但从根本上根治了洗水行业的环境污染，也助推着服饰产业向绿色化、品牌化转型升级，实现了经济、社会和生态效益三赢。

　　从 20 世纪 90 年代开始，湘江水质呈恶化趋势。在部分河段，由开矿冶炼等带来的重金属污染废水直排江中。地处湘江上游的湖南省郴州市临武县三十六湾是重要的有色金属采选、冶炼区。曾经，小小的三十六湾云集了 10 万人的"淘矿大军"。2013 年，三十六湾被湖南纳入湘江保护与治理省级"一号重点工程"，2018 年，成功申报国家第三批山水林田湖草生态保护修复工程试点……十年来，各级共投入 20 亿元治理三十六湾。沿三十六湾顺流而下，与之并称为"湘江五大污染重灾区"的老工矿区，巨变也已悄然发生。

　　衡阳市水口山的铅锌产量曾经占全球的三分之一，通过关闭近 200 家"小散乱污"企业，冶炼行业转型升级，"世界铅都"焕发新貌。在株洲市清水塘，133m 高的烟囱不再"吞云吐雾"，15km² 的清水塘地区正在布局智能制造等新产业，曾经"黑乎乎、灰蒙蒙"的城市变得"绿油油、水灵灵"。湘潭市竹埠港，告别长达百年的化工生产，每年减少排放废水 200 余万 t、二氧化硫约 6000t、工业废渣约 3 万 t，让包括省会长沙在内的湘江下游城市的饮用水源更安全。

　　娄底市通过整治矿山、裸露山体、荒废田地，原本寸草不生，被称为"江南的塞北"的锡矿山重现绿色，见图 5-4。

图 5-4　湖南省娄底市锡矿山变成了
绿意盎然的地质公园

　　据湖南省生态环境厅公布的数据，2021 年与 2012 年相比，湘江流域 232 个地表水考核评价断面水质优良率达 98.7%，提高了 10.6 个百分点，干流考核断面连续多年保持在 Ⅱ 类；湘江干流镉、汞、砷、铅和六价铬浓度均达到或优于 Ⅱ 类，分别下降了 84.0%、47.0%、31.4%、70.6% 和 59.4%；流域 8 市财政收入占全省的比重达 68.8%，提高 3.3 个百分点，实现高水平保护与高质量发展相互成就。

要点分析与启示

1. 经验启示

（1）统筹流域系统治理，跨区域联防联治签订生态补偿协议。

本案例中，湖南、江西两省多层面发力，探索渌水保护与治理新机制。同时湖南本省内株洲市还与衡阳市、湘潭市分别签订上下游横向生态补偿协议，即受益城市地区拿钱，补偿上游城市为保护水质做出的牺牲。这样的机制，使大家保护水质的积极性和动力更强了，有效控制了污染增量。

（2）积极推动城镇污染防治，下决心标本兼治去黑除污。

沿江产业由黑变绿转型升级。如清水塘老工业区曾是湘江段最大的污染源头。株洲以壮士断腕的决心，破解化工围江困局，实施清水塘老工业区搬迁改造，大大提升了湘江水质。株洲等地加强巡查力度，使用无人机和岸边监控设备共同监测，严控湘江涉水污染。

（3）坚持政府主导，充分调动全社会的积极性。

坚决贯彻落实习近平生态文明思想，把整体推进与重点突破结合起来；从干流到支流，从江面到岸上，从上游到下游，从城市到乡村，从人防到技防，建立了防治体系。实施河长制，各级河长与民间河长一起巡河。湖南把湘江保护与治理的实践经验，推广到资水、沅水、澧水，推广到洞庭湖区域，以推进河湖长制为突破口，依法管控河湖空间，严格保护水资源，加快修复水生态，大力治理水污染，"一湖四水"面貌焕然一新。

2. 治理的意义

绿水青山就是金山银山。湖南省实施湘江保护与治理省"一号重点工程"，正是践行习近平生态文明思想，坚定不移走生态优先、绿色发展之路的生动实践。实践证明，保护和治理湘江流域，不仅促进了人与自然和谐共生，而且让产业结构变"轻"、经济质量变"优"、发展模式变"绿"，实现经济发展与环境保护的和谐统一。我们要牢记习近平总书记"守护好一江碧水"的殷殷嘱托，久久为功，让"一湖四水"清水长流，在生态文明建设中展现新作为。

拓展思考

1. 根据"十四五"时期重点流域水环境综合治理规划，怎样推动大江大河综合治理？

2. 怎样推进重要湖泊保护治理？

作业与思考

一、判断题

1. 水系被污染后，有许多种污染物如重金属、多氯联苯、有机氯农药、重质焦油等沉积于水体底泥中，它们有可能重新返回水中造成二次污染。（　　）

2. 当水体的转化空间不能够恢复自净时，并不能确定是否处于水环境安全状态。（　　）

3. 少使用或不使用含磷洗涤剂可以改善我们的水环境。（　　）

二、多项选择题

1. 水环境安全保障措施包括以下哪些方面？（　　）

A. 坚持绿色发展理念　　　　　　B. 严格控制入河排污总量

C. 加强水污染综合治理　　　　　D. 强化水环境监测

E. 加强水环境突发事件应急管理

2. 水环境安全面临的挑战和问题有以下哪些？（　　）

A. 面临发展与治理之间的平衡挑战

B. 污染排放负荷大，污染治理任务重

C. 水环境风险日益凸显，水环境安全压力加大

D. 相关法律法规需要进一步完善

3. 控制入河排污总量，以下哪些措施有效？（　　）

A. 坚持可持续发展

B. 污染物入河量较大的区域，分阶段提出限制排污总量

C. 加强污染源头防控

D. 控制增量削减存量，降低污染排放总量

4. 生活污水是人类生活过程中产生的污水，主要来自（　　），其中粪便和洗涤污水等是城镇生活污水的主要组成部分。

A. 家庭　　　B. 机关　　　C. 商业　　　D. 城镇公用设施

第六章
水工程安全

第一节　概念及相关知识

　　水工程是指在江河、湖泊和地下水源上开发、利用、控制、调配和保护水资源的各类工程，包括水库枢纽工程、堤防工程、跨流域调水工程、排涝工程、地下水工程、水处理工程以及水污染防治工程等。水工程承担着防洪、发电、灌溉、供水、治污等重要功能。随着水工程的不断建设与发展，其安全问题逐渐成为发展的主题。

一、防洪工程安全

（一）水库工程安全

1. 水库工程的概念

　　水库是通过在河道、山谷、低洼地及地下透水层修建挡水坝、堤堰或隔水墙形成的蓄积水量的人工湖，是调蓄洪水的主要工程措施之一。水库的主要作用包括防洪、发电、灌溉、供水、养殖、旅游等。

　　水库一般由挡水建筑物、泄水建筑物、输水建筑物三部分组成，这三部分通常称为水库的"三大件"。挡水建筑物用以拦截江河，形成水库或壅高水位，最常见的形式是大坝；泄水建筑物用以宣泄多余水量、排放泥沙和冰凌，或为人防、检修而放空水库等，以保证坝体和其他建筑物的安全，常见的有溢洪道和泄洪洞；输水建筑物是为灌溉、发电和供水的需要，从上游向下游输水用的建筑物，主要类型有隧洞、渠道、渡槽、倒虹吸等。

　　水库按其所在位置和形成条件，通常分为山谷水库、平原水库和地下水库三种类型。山谷水库多是用拦河坝截断河谷，拦截河川径流，抬高水位形成，

6-1　　　　▶
防洪工程安全

绝大部分水库属于这一类型；平原水库是在平原地区，利用天然湖泊、洼淀、河道，通过修筑围堤和控制闸等建筑物形成的水库；地下水库是由地下贮水层中的孔隙和天然的溶洞或通过修建地下隔水墙拦截地下水形成的储水空间。

根据总库容、灌溉面积和发电装机容量等主要指标，按照《水利水电工程等级划分及洪水标准》（SL 252—2017），水库工程分为五个等别，见表6-1。

表6-1　　　　　　　　水库工程分等指标

工程等别	工程规模	总库容 /亿 m³	灌溉面积 /万亩	发电装机容量 /MW
Ⅰ	大（1）型	≥10	≥150	≥1200
Ⅱ	大（2）型	≥1.0，<10	≥50，<150	≥300，<1200
Ⅲ	中型	≥0.1，<1.0	≥5，<50	≥50，<300
Ⅳ	小（1）型	≥0.01，<0.1	≥0.5，<5	≥10，<50
Ⅴ	小（2）型	≥0.001，<0.01	<0.5	<10

2. 水库工程安全的重要意义

（1）防洪方面：全国范围主要流域梯级水库群格局，基本构建了我国主要江河防洪体系。水库防洪工程目前可保护3.1亿人口、132座大中城市、0.3亿 hm² 农田的安全，在防御历次特大洪水中取得了巨大的经济、社会和安全效益。

（2）供水方面：据统计，全国水利工程总供水能力达到8900亿 m³，其中水库工程供水能力达到2324亿 m³，占比达到26.8%，为包括北京、天津、香港在内的100多座大中城市提供了可靠水源，对保障我国供水安全发挥了重要作用。

（3）灌溉方面：水库工程为全国 0.22亿 hm² 耕地提供了可靠水源，约占当年我国总灌溉面积的32%，为粮食增产、农民增收、贫困地区脱贫攻坚与乡村振兴做出了重要贡献，有效保障了国家粮食安全。

（4）航运方面：增加了航道水深，减少了浅滩、险滩、暗礁等航行障碍和阻力，改善了水流条件，加快了船舶航行速度，保障了通航安全，使原不通航、季节性通航的河段转变为通航甚至全年通航河段，促进了内河航运发展及多地经济交流与融合，产生了巨大的航运效益。

（5）发电方面：截至2020年年底，全国水电总装机容量达到3.7亿 kW，位居全球水电装机容量第一，占全国发电总装机容量的16.8%，水电发电量占全口径总发电量的17.61%，成为经济社会发展能源保障的中坚力量。2010—

2019年十年间，水力发电装机容量从 2606 万 kW 增加至 35640 万 kW，水电年发电量从 2010 年 6867 亿 kW·h 增长至 2019 年 13019 亿 kW·h。十年间水电提供的清洁能源相当于替代标准煤 30.39 亿 t，减少二氧化碳排放约 79.87 亿 t、二氧化硫 2615 万 t、氮氧化物 2261 万 t。以三峡水利枢纽为例，其最后一台水电机组于 2012 年 7 月 4 日投产后，每年可提供清洁电能接近 1000 亿 kW·h，截至 2020 年年底，累计生产了约 1.4 万亿 kW·h 绿色清洁电能。

3. 我国水库工程安全现状

中国是建成水库最多的国家，尤其是中小型水库数量较多。据《2020 年全国水利发展统计公报》统计，截至 2020 年年底，全国已建成各类水库 98566 座，水库总库容 9306 亿 m³，其中大型水库 744 座，总库容 7410 亿 m³，占全部总库容的 79.6％；中型水库 4098 座，总库容 1179 亿 m³，占全部总库容的 12.7％。但是我国水库病险问题较为突出，仍然还有大量的水库带病运行或因病险原因无法发挥效益。预计到 2025 年年底，需要加固的病险水库总量预计 1.94 万座，其中大型病险水库约 80 座，中型病险水库约 470 座，小型病险水库约 1.88 万座。这些病险水库不仅不能发挥出应有的作用，还存在严重的安全隐患，一旦失事将影响人民生命财产安全。

拓展阅读 长江三峡水利枢纽工程

长江三峡水利枢纽工程，又称三峡工程，位于湖北省宜昌市境内的长江西陵峡段，与其上游的溪洛渡与向家坝水电站、下游的葛洲坝水电站构成梯级水库，如图 6-1 所示。

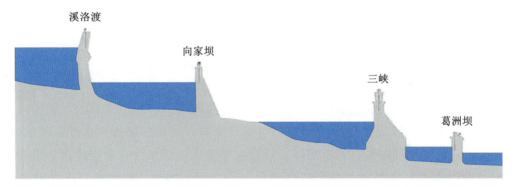

图 6-1 梯级水库示意图

三峡大坝主要由挡水与泄洪建筑物、发电建筑物、通航建筑物等部分组成，拦河大坝为混凝土重力坝，坝轴线长 2309.47m，坝顶高程 185.00m，最大坝高 181.00m。正常蓄水位 175.00m，防洪限制水位 145.00m，水库总库容

450.40 亿 m³，防洪库容 221.50 亿 m³。

防洪功能与效益：三峡工程作为开发和治理长江的关键性骨干工程，防洪是其首要功能，在长江防洪体系中具有不可替代的作用。2003—2021 年，根据中下游的防洪需求，三峡工程累计拦洪 66 次，包括 50000m³/s 以上的洪峰 20 次，拦洪总量 2088 亿 m³，多年平均防洪效益为 88 亿元，防洪减灾效益显著。其中，2010 年、2012 年和 2020 年最大入库洪水流量均超过 70000m³/s，大于 1998 年宜昌站最大洪峰流量 63300m³/s，三峡水库通过的削峰、错峰调度，成功应对洪水，确保长江中下游荆江河段防洪安全。

发电效益：三峡工程发电效益非常可观，为国民经济发展提供绿色动力的同时，还带来了节能减排效益。截至 2022 年 8 月底，三峡电站累计发电量 15634 亿 kW·h。2020 年发电量达 1118 亿 kW·h，创世界单座水电站年发电量最高纪录。三峡工程的发电，有效缓解了华中、华东地区及广东省的用电紧张局面，为电网的安全稳定运行发挥了重要作用。据统计，三峡电站已发电量，相当于减少燃烧标准煤 4.8 亿 t，减少 12.5 亿 t 二氧化碳排放。

社会经济效益：三峡工程蓄水后，使昔日险滩密布的峡江航道变成高峡平湖，极大地促进了长江航运的快速发展和沿江经济社会的协调发展。截至 2022 年 8 月，通过三峡船闸、升船机的货运总量达到 17.97 亿 t。三峡工程对水资源的调节功能非常强大，在下游补水、实时生态调度、开展应急调度方面发挥着重要作用。在下游补水方面，每年 1—4 月，三峡工程下泄流量按约 6000m³/s 控制，相比常年天然流量增加约 1500m³/s，增幅超 33%，平均增加下游航道水深约 0.7m，有效保障了下游生活生产用水。

（二）水闸工程安全

1. 水闸工程的概念

水闸是修建在河道和渠道上利用闸门控制流量和调节水位的低水头水工建筑物，其主要结构一般包括由闸室、上游连接段和下游连接段三部分。关闭闸门可以拦洪、挡潮或抬高上游水位，以满足灌溉、发电、航运、水产、环保、工业和生活用水等需要；开启闸门，可以宣泄洪水、涝水、弃水或废水，也可对下游河道或渠道供水。在水利工程中，水闸作为挡水、泄水或取水的建筑物，应用广泛。图 6-2 为洞庭湖区大通湖东垸分洪闸。

水闸工程的规模划分，需要依据所承担的主要任务，并结合其在枢纽中的作用进行综合分析后确定。根据现行《水利水电工程等级划分及洪水标准》（SL 252—2017），水闸工程可根据其效益和在经济社会中的重要性，按表 6-2 确定。

图 6 - 2 洞庭湖区大通湖东垸分洪闸

表 6 - 2 水 闸 工 程 分 等 指 标

工程等别	工程规模	防洪		治涝	灌溉	供水	
		保护人口/万人	保护农田面积/万亩	治涝面积/万亩	灌溉面积/万亩	供水对象重要性	年引水量/亿 m³
Ⅰ	大（1）型	≥150	≥500	≥200	≥150	特别重要	≥10
Ⅱ	大（2）型	<150 ≥50	<500 ≥100	<200 ≥60	<150 ≥50	重要	<10 ≥3
Ⅲ	中型	<50 ≥20	<100 ≥30	<60 ≥15	<50 ≥5	比较重要	<3 ≥1
Ⅳ	小（1）型	<20 ≥5	<30 ≥5	<15 ≥3	<5 ≥0.5	一般	<1 ≥0.3
Ⅴ	小（2）型	<5	<5	<3	<0.5		<0.3

2. 水闸工程安全的重要意义

水闸作为一种重要的防洪除涝和防止海水倒灌的低水头水工建筑物，在减少自然灾害造成的损失、保护群众生命财产和保障国民经济快速发展等方面发挥着至关重要的作用。尤其是在我国长江、黄河、淮河和海河的流域治理中，在防洪治涝、农业灌溉、挡潮蓄淡、城乡给水、风景旅游、生态建设等方面发挥了巨大作用，担负着防洪排涝、调整水位与水量、调节水质等重要任务，是水利资源保护和水利安全的重要基础设施。水闸，特别是重要位置上的水闸，一旦失事，将时刻威胁着人民群众生命财产安全和正常的生活秩序，影响农田灌溉和航运，也影响生态，所造成的损失和影响将是非常巨大的。因此，水闸的安全对于经济安全和人民群众生命财产安全、生态安全及社会稳定具有直接的影响。

3. 我国水闸工程安全现状

根据《2020 年全国水利发展统计公报》，到 2020 年年底，全国已建成流量 5m³/s 及以上的水闸总量为 103474 座，包括大型水闸 914 座。按水闸类型分类，可分为洪闸 8249 座，排（退）水闸 18345 座，挡潮闸 5109 座，引水闸 13829 座，节制闸 57942 座。

在运行的水闸中，不乏设计标准低下、规划不合理、施工低质和设施缺失等现象，有的年久失修缺乏维护，无法保证其安全性和功能性；有的则由于灾害性原因造成超载，使结构或构件造成损害。据全国水闸安全普查等工作的不完全统计，我国 2600 多座大中型水闸处于病险状态。国家有关部门对于水闸安全管理工作要求越来越高。2008 年 6 月，水利部制定并颁布实施了《水闸安全鉴定管理办法》（水建管〔2008〕214 号）（以下简称《办法》），用以加强水闸的安全管理，使得水闸的安全鉴定工作规范化，确保水闸的安全运行。《办法》确定了病险水闸安全评价工作的组织程序、工作内容、工作要求等，为进一步规范科学地实施病险水闸安全评价工作提供了政策依据和技术要求。只有对水闸的故障、病害、风险程度、安全运行等情况采取全面的、详细的、真实的、准确的安全评估，才可以全面了解水闸的实际运行状态；只有做好水闸安全评价，才能理清水闸存在的病险状况和原因。

（三）堤防工程安全

1. 堤防工程的概念

堤防是指沿江、河、湖、海、渠等岸边或行洪区、分洪区、围垦区边缘修筑的挡水建筑物。对于流域上游位于江河中间顺水流方向构筑的分流建筑物，如长江上游都江堰水利枢纽的"百丈堤"、"金刚堤"和"人字堤"等，也属于堤防工程。

堤防工程的主要作用如下：约束水流，提高河道泄洪排水能力；限制洪水泛滥，保护两岸工农业生产和人民生命财产安全；抗御风浪和海潮，防止风暴潮侵袭陆地。

根据现行《堤防工程设计规范》（GB 50286—2013），堤防工程的级别应根据确定的保护对象的防洪标准，按表 6-3 的规定确定。

表 6-3　　　　　　　　　　堤 防 工 程 的 级 别

防洪标准 （重现期）/年	≥100	<100 且≥50	<50 且≥30	<30 且≥20	<20 且≥10
堤防工程的级别	1	2	3	4	5

2. 堤防工程安全的重要意义

堤防工程安全对于国家基础设施安全意义重大，特别是在防灾减灾体系下，堤防工程的意义特别显著。1998 年大洪水中，长江干堤发生险情 9000 多处，而松花江干流因堤防的存在减灾 23.45 亿元，是堤防建设投资的 47 倍，可见堤防工程对经济发展、社会稳定和国家安全的意义重大。1998 年大洪水之后，国家对堤防安全和风险评价工作极为重视，新时期社会经济的高质量发展对堤防安全提出了更高的要求。

3. 我国堤防工程安全现状

根据《2020 年全国水利发展统计公报》，全国已建成 5 级以上堤防 32.8 万 km，累计达标堤防 24.0 万 km，堤防达标率 73.0%；其中 1 级、2 级达标堤防长度为 3.7 万 km，达标率为 83.1%。全国已建成的江河堤防可保护 6.5 亿人、耕地面积 0.42 亿 hm^2。

堤防工程是防洪系统的核心构成要素。据《中国水旱防御公报》，2020 年全国损坏堤防 40136 处，全长 11579.17km。总体来看，我国堤防修建的历史年代较久，运行管理意识较差，存在很多安全隐患，当处于洪水期时，容易突发一些难以避免的险情。因此，有必要开展堤防健康综合评价研究工作，及时制定工程措施，有效预防灾害的发生。

以往我国注重堤防渗透稳定、堤防抗滑稳定、堤防工程质量、堤防运行管理等问题，对堤防生态方面的研究较少，现在根据我国现代化堤防工程提出修建安全、环保、生态三位一体的人水和谐防洪体系要求，有必要从结构、管理和生态三个方面开展堤防健康综合评价工作。通过评价结果掌握堤防安全健康状态、生态环境健康状态以及运行管理健康状态，可有效指导堤防运行管理、建议维修等工作。

拓展阅读　　　　　　　　　　　　　　　　**荆江大堤**

长江自湖北省枝城镇至湖南省城陵矶长 337km，因流经湖北省荆州地区，该段长江河道又称荆江。荆江北岸上起江陵县枣林岗，下迄监利县城南，长 182.35km 的江堤称为荆江大堤，为湖北省江汉平原 53 万 hm^2 耕地、800 万人口以及武汉、荆州、洪湖等大中城市国民经济建设、人民生命财产安全的重要屏障。

荆江大堤属 1 级堤防，堤身、堤基、护岸及涵闸均按 1 级建筑物设计。大堤设计堤顶高程为设计洪水位以上 2.0m，堤面宽度分为直接挡水堤段 12m，外有民垸堤段 10m，丘陵堤段 8m。堤身外坡 1∶3，内坡 1∶3～1∶5，堤顶为混凝土路面。

万里长江，险在荆江。荆江之险，险在上游来水量大，下游泄流能力小，造成水患频发。1949年以前，荆江大堤堤身单薄，填筑质量较差，大水年多次溃口成灾。据史料统计，自明嘉靖三十八年（1559年）至1949年的390年间，大堤溃口36次，给人民的生命和财产造成巨大损失。针对荆江大堤存在的堤身隐患、堤基渗漏、堤岸崩塌三大险情，1949年以来，国家对荆江大堤进行了全面整治和加固，使得其抗洪能力得到了有效提高。为减轻大堤防洪负担，1952年修建了荆江分洪工程。1998年长江大洪水时，沙市水位高达45.22m，虽然超过分洪水位0.22m，工程也未出现重大问题，因而未使用荆江分洪区，避免了分洪损失。长江三峡工程建成运行后，使得荆江河段的防洪标准由10年一遇提高到100年一遇，有效保障了荆江大堤的安全。

二、供水工程安全

为优化水资源配置战略格局，缓解水资源短缺和时空分布不均等问题，我国兴建了大量的跨流域调水工程。据不完全统计，截至2020年，我国已建或在建的引调水工程共计137项，其中包括已建成并发挥效益的工程110项，如南水北调东中线工程、引黄入晋工程、引滦入津工程、东深供水工程等；在建或开展前期工作的工程7项，如滇中引水工程、引汉济渭工程、南水北调西线工程等。随着社会经济的发展、城镇化用水需求的提高，我国调水工程的建设数量总体呈增长趋势，调水规模也在急剧增长，这意味着我国调水工程的建设水平飞速发展，并且已经处于世界领先水平。

6-2
供水工程安全

（一）跨流域调水工程

1. 跨流域调水工程的概念

跨流域调水工程指跨越两个或两个以上流域的引水（调水）工程，将水资源较丰富流域的水调到水资源相对紧缺的流域，以达到地区间调剂水量盈亏，解决缺水地区水资源需求的一种重要措施。跨流域调水关系到相邻地区工农业的发展，同时还会涉及相关流域水资源的重新分配和可能引起的社会生活条件及生态环境的变化。因此必须全面分析跨流域的水量平衡关系，综合协调地区间可能产生的矛盾和环境质量问题。

跨流域调水工程具有5个特点：一是具有多流域和多地区性，跨流域调水系统涉及两个或两个以上流域和地区的水资源科学再分配；二是具有多用途和多目标特性，大型跨流域调水系统往往是一项发电、供水、航运、灌溉、防洪、旅游、养殖以及改善生态环境等目标和用途的集合体；三是具有水资源时空分布上的不均匀性，水资源量在时间和空间分布上的差异，是导致水资源供需矛盾的一个重要因素，也是在地区之间实行跨流域调水的一个重要前提条件；四是跨流域调水系统中某些流域和地区具有严重缺水性，在跨流域调水系统内，必须存在某些流域和地区在实施当地水资源尽量挖潜与节约用水的基础上水资源量仍十分短缺，难以满足这些地区社会经济发展与日益增长的用水需求，由此表现出严重的缺水性；五是具有生态环境的后效性，跨流域调水系统涉及范围较一般水工程大得多，势必会导致更多因素的自然生态环境的变化，有些生态环境的变化甚至是不可逆转的，这就表现出生态环境的后效性。

跨流域调水工程按功能划分主要有以下 6 大类：①以航运为主体的跨流域调水工程，如中国古代的京杭大运河等；②以灌溉为主的跨流域灌溉工程，如中国甘肃省的引大入秦工程等；③以供水为主的跨流域供水工程，如中国山东省的引黄济青工程、广东省的东深供水工程等；④以水电开发为主的跨流域水电开发工程，如澳大利亚的雪山工程、中国云南省的以礼河梯级水电站开发工程等；⑤跨流域综合开发利用工程，如中国的南水北调工程和美国的中央河谷工程等；⑥以除害为主要目的（如防洪）的跨流域分洪工程，如江苏、山东两省的沂沭泗水系供水东调南下工程等。

跨流域调水系统一般包括水量调出区、水量调入区和水量通过区三部分。水量调出区是指水量丰富、可供外部其他流域调用的富水流域和地区；而水量调入区则是指水量严重短缺、急需从外部其他流域调水补给的干旱流域和地区；沟通上述两者之间的地区范围即为水量通过区。水量通过区，根据不同调水系统，常常又是水量调入区或是水量调出区，人们有时把跨流域调水系统直接分为工程水源区和供水区两部分。所谓水源区系指水量调出区域，它既可能只包括水量调出区，也可能含有水量调出区和水量通过区中的某些富水地区；而供水区则是所有需调水补给的地区，它可能只包括水量调入区，也可能包括水量调入区和需要补充供水的水量通过区。

跨流域调水工程的鼻祖当选我国的京杭大运河，始建于春秋时期，是世界上里程最长、工程最大的古代运河，也是最古老的运河之一，与长城、坎儿井并称为中国古代的三项伟大工程，并且使用至今，是中国古代劳动人民创造的一项伟大工程，是中国文化地位的象征之一。大运河南起余杭（今杭州），北到涿郡（今北京），途经今浙江、江苏、山东、河北四省及天津、北京两市，贯通海河、黄河、淮河、长江、钱塘江五大水系，主要水源为微山湖，大运河全长约 1797km。运河对中国南北地区之间的经济、文化发展与交流，特别是对沿线地区工农业经济的发展起了巨大作用。

2. 跨流域调水工程安全的重要意义

跨流域调水工程的供水目标由最初的工业、灌溉为主逐渐向生态、生活等多元化供水方向发展，为受水地区带来了巨大的经济、生态和社会效益。其正常运行不仅是工程效益得以发挥的基础，同时也事关供水安全、生态安全、公共安全。工程一旦失事，往往会产生重大的社会影响，带来的直接和间接经济损失也是不可估量的。

3. 跨流域调水工程安全现状

跨流域调水工程跨越地域广，涉及各种复杂的地质环境，输水沿线与山川、河流、峡谷、铁路、公路等交叉穿越，为满足工程需求设计建造了许多复杂的输水建筑物，诸如渠道、倒虹吸、渡槽、隧洞、闸站等。输水线路长、输水建筑物类型多样且数量庞大，这给调水工程后期的运行管理带来了不小的挑战。调水工程建成后的长期运行过程中，受结构材料老化、环境侵蚀、自然灾害、极端天气、人类活动干扰等因素的影响，会出现诸多安全隐患。通常，调水工程的安全隐患发生在运行期的不同时段，尤其是雨季、冰期等；存在于各类输水建筑物的不同部位，如渠道边坡、渡槽基础、隧洞输水管等。可能各类隐患单个效应并不明显，但是当隐患长期作用并逐步恶化，隐患之间产生协同作用时，极有可能对调水工程安全产生较大威胁，最终造成重大事故。

拓展阅读　　　　　　　　　　　　　　　　　　　南水北调工程

自1952年10月30日毛泽东主席提出"南方水多，北方水少，如有可能，借点水来也是可以的"宏伟设想以来，在党中央、国务院的领导和关怀下，广大科技工作者历经50多年的勘测、规划和研究，在分析比较50多种规划方案的基础上，分别在长江下游、中游、上游规划了三个调水区，形成了南水北调工程东线、中线、西线三条调水线路。根据2002年国务院批复的《南水北调工程总体规划》，通过东中西三条调水线路，与长江、淮河、黄河、海河相互连接，构成我国中部地区水资源"四横三纵、南北调配、东西互济"的总体格局。

东线工程：利用江苏省已有的江水北调工程，逐步扩大调水规模并延长输水线路。东线工程从长江下游扬州江都抽引长江水，利用京杭大运河及与其平行的河道逐级提水北送，并连接起调蓄作用的洪泽湖、骆马湖、南四湖、东平湖。出东平湖后分两路输水：一路向北，在位山附近经隧洞穿过黄河，输水到天津；另一路向东，通过胶东地区输水干线经济南输水到烟台、威海。一期工程调水主干线全长1466.50km，其中长江至东平湖1045.36km，黄河以北173.49km，胶东输水干线239.78km，穿黄河段7.87km。规划分三期实施。

中线工程：从加坝扩容后的丹江口水库陶岔渠首闸引水，沿线开挖渠道，经唐白河流域西部过长江流域与淮河流域的分水岭方城垭口，沿黄淮海平原西部边缘，在郑州以西李村附近穿过黄河，沿京广铁路西侧北上，可基本自流到北京、天津。输水干线全长1431.945km（其中，总干渠1276.414km，天津输水干线155.531km）。规划分两期实施。

西线工程：在长江上游通天河、支流雅砻江和大渡河上游筑坝建库，开凿穿过长江与黄河分水岭巴颜喀拉山的输水隧洞，调长江水入黄河上游。西线工程的供水目标，主要是解决涉及青海、甘肃、宁夏、内蒙古、陕西、山西等6省（自治区）黄河上中游地区和渭河关中平原的缺水问题。结合兴建黄河干流上的大柳树水利枢纽等工程，还可以向临近黄河流域的甘肃河西走廊地区供水，必要时也可相机向黄河下游补水。规划分三期实施。

三条调水线路互为补充，不可替代。本着"三先三后"、适度从紧、需要与可能相结合的原则，南水北调工程规划最终调水规模448亿m³，其中东线148亿m³，中线130亿m³，西线170亿m³，建设时间需40~50年。

（二）灌区工程

农业是支撑人类生活和经济建设发展的重要产业，水利是农业的命脉，农业用水短缺与浪费并存的矛盾现象，制约了我国农业发展，威胁着粮食安全。我国农业生产仍处于由粗放生产向精细管理转变的过程中，大部分地区用水方式仍较为粗放，使农业用水效率整体偏低，造成了水资源浪费。随着农业产业的发展和灌溉条件的改善，我国农业用水需求持续增长，用水短缺情况也愈渐凸显，并成为限制农业发展的关键因素。部分地区甚至存在由于水资源短缺造成的灌溉耕地旱作或弃种的现象。

1. 灌区工程的概念

具有一定保证率的水源和专门的管理机构、由完整的灌溉排水系统控制的区域及其工程设施保护区域称为灌区。服务灌区农田水利灌溉而修建的相关水利工程设施称为灌区工程，主要包括蓄水工程、引水工程、提水工程、输配水工程、退泄水工程以及田间工程等。

2. 灌区工程安全的重要意义

灌区工程是农业生产的基础，不仅能为周边农作物的生长发育提供必要的水资源，促进农业稳产高产，还能有效地防洪排涝，促进生态环境的良性循环。其主要是通过工程技术措施对农业水资源进行拦蓄、调控、分配和使用，并结合农业技术措施进行改土培肥，提高土地利用率，以达到农业高产稳产的目的。

大量数据表明，建设灌区水利工程并确保其安全高效运行，既能有效提高周围农作物的产量，为我国实现粮食自给自足提供保障，又能提高水资源的利用率，减少水资源的浪费，同时，对当地的生态环境进行一定的改善，使居民和自然环境和谐共处，与我国可持续发展的战略目标相符。

3. 我国灌区工程安全现状

灌区是农业生产的基本依托。据《2020年全国水利发展统计公报》，截至2020年年底，全国已建成设计灌溉面积大于2000亩及以上的灌区共22822处，耕地灌溉面积3794万hm^2。其中，50万亩以上的灌区172处，耕地灌溉面积1234.4万hm^2；30万～50万亩的大型灌区282处，耕地灌溉面积547.8万hm^2。全国灌溉面积7568.7万hm^2，其中耕地灌溉面积6916.1万hm^2，占全国耕地面积的51.3%；全国节水灌溉工程面积3779.6万hm^2，其中喷灌、微灌面积1181.6万hm^2，低压管灌面积1137.5万hm^2。

我国农业用水效率偏低，工程老旧破损和粗放的用水方式造成水资源浪费严重。渠道输水效率偏低，输水过程中水资源损耗严重。当前我国农田灌溉有效灌溉系数为0.568，与发达国家相比仍存在较大差距（0.7～0.8），这与灌溉渠道的工程质量、供水方式和技术水平有着重要关系。我国灌区工程安全存在如下问题：

（1）设施老化。经过多年的运行，部分输水渠道工程设施已经老化或损坏，甚至出现渠道多处倒塌堵塞的情况。部分渠道流经村落，当地村民有的法制观念淡薄，没有对渠道的养护意识，在该范围内形成人为破坏，如闸门被砸、乱挖堤土、向渠内倾倒垃圾等毁坏水利工程的行为。

（2）维护不及时。在渠道出现破损时不能及时修缮，只能在维护时修护破坏严重的渠段，更换重要的节制闸，而不严重的渠道依旧进行输水工作，存在一定的风险。同时，传统的维护管理方式无法保证渠道行水期间的安全，目前渠道的检查主要是巡查和不定期抽查，这无法在第一时间发现渠道行水过程中的问题，并及时采取措施。

（3）自然灾害的破坏。输水渠道建成后，往往会遇到地震、泥石流、洪水等灾害，一旦发生就会给渠道造成无法估计的破坏力，不仅渠道遭到山洪的冲击，水工建筑物渡槽、倒虹吸、水闸等也会不同程度地受到泥土、沙石、树木的堵塞，严重阻碍渠道的正常运行，会将上游来水阻滞提高，对人民经济生活造成严重的影响。

三、排涝工程安全

排涝工程是指由各级固定排水沟道以及建在沟道上的各种建筑物所组成的

综合工程体系，其主要功能是排除涝水和控制地下水位。

（一）城市排涝工程

1.城市排涝工程的概念

城市排涝工程是保证城市运行安全的工程设施，是城市雨水管网和城市内涝防治工程的下游排水通道，由河道和排涝泵站等工程设施组成，是保证城市雨水排水工程和城市内涝防治工程正常工作的重要工程设施。

6-3　　▶
排涝工程安全

2.城市排涝工程安全的重要意义

2021年4月，国务院办公厅印发《关于加强城市内涝治理的实施意见》，提出"治理城市内涝事关人民群众生命财产安全，既是重大民生工程，又是重大发展工程"。

城市排涝工程安全事关百姓生产生活，事关城市稳定发展，必须以高度的责任感和强烈的使命感，周密扎实做好城市防洪排涝工作，确保排涝工程安全高效运行，在防范江河洪水的同时，防止地下空间、低洼地区、下穿立交桥、隧道涵洞受淹致灾，尽全力确保城市防洪安全、人民群众生命财产安全。

城市是各地政治、经济、文化和交通的中心，人口密集，产业众多，一旦发生洪水内涝，造成的损失将十分严重。做好城市排涝安全工作，对发展城市经济、推进城市稳定发展、保障人民生命财产安全具有重大而深远的意义。近年，通过持续不断的建设，城市堤防工程、城市排涝工程体系逐步建立和完善，为保障城市安全发挥了积极作用。

3.城市排涝工程安全现状

近年来，各地区各部门大力推进排水防涝设施建设，城市内涝治理取得积极进展，但仍存在自然调蓄空间不足、排水设施建设滞后、应急管理能力不强等问题。由于我国经济发展速度极快，城市的发展对于排涝系统的建设力度不够，或是排涝系统老化，难以支撑雨季的排水需求，我国大部分城市排涝系统的维护和新建迫在眉睫。2022年5月，国家住房和城乡建设部、国家发展和改革委员会、水利部联合印发《"十四五"城市排水防涝体系建设行动计划》，针对城市内涝问题制定了明确目标，力争到2025年基本形成较为完善的城市排水防涝工程体系，确保能够有效应对内涝防治标准以内的降雨，在超标降雨的条件下，城市生命线工程以及重要市政基础设施的功能不能丧失；到2035年，总体要消除防治标准内降雨条件下城市内涝现象。

（二）易涝区排涝工程

1.易涝区排涝工程概念

易涝区是指在汛期或雨量过大时容易被淹没且可能造成一定损失的区域。

这些区域的特点是地势平缓且较周围其他区域较低,排涝条件较差,主要分布在长江中下游江汉平原、洞庭湖和鄱阳湖等滨湖地区,淮北平原、三江平原、松嫩平原、珠江三角洲、闽浙平原等地区。易涝区排涝工程是指为了除涝防渍、控制地下水位而修建的相应水利工程设施,其主要作用是加速排除由于降雨或外水入侵造成的低洼地区地面积水及造成地下水位过高的地下水。

2. 易涝区排涝工程安全的重要意义

排涝工程是易涝区防汛和抗旱的基本工程,排涝工程的安全极大地提高了当地的防汛抗旱能力,改善了农业生产生活条件,对提高湖区农业综合生产能力,确保国家粮食安全起到了重要作用,对当地人民生命财产安全、粮食生产、供水安全、社会稳定具有重要意义。

3. 易涝区排涝工程建设现状

《"十四五"水安全保障规划》提出,对长江、淮河、松花江流域等重点涝区中受灾频繁、涝灾影响人口多、经济损失大、治理需求迫切的涝区进行系统治理。

以洞庭湖为例,湖区所属北亚热带季风性气候的气象因素,湘、资、沅、澧四水的干流和尾闾相关河流的水文因素,湖积型平原及碟形盆地结构的地形因素,毁林开荒、水土流失、泥沙淤积增多等人类活动因素,这些都是造成洞庭湖容易发生洪涝灾害的主要原因。其排涝方式以撇洪、提高机电排涝能力与增强湖泊调蓄能力相结合,同时,调蓄湖泊、部分泵站兼有抗旱功能。2009—2019年实施完成了洞庭湖区13处大型灌溉排水泵站更新改造工程;2017年起又实施重点区域排涝能力建设,项目覆盖常德、益阳、岳阳、长沙四市的30个县(市、区);2020年汛期连续几场大雨,洞庭湖区灌排泵站全线开机,累计排水96亿 m^3,减少受淹耕地810万亩。近年来,湖区防洪和供水保障能力得到显著提升,生态环境得到明显改善,老百姓的安全感、获得感、幸福感持续增强。

第二节　水工程安全面临的挑战和问题

6-4　▶

水工程安全
面临的问题
与挑战

水利工程是我国国民经济和社会发展的重要物质基础,长期以来,水利工程在防洪、排涝、防灾、减灾等方面对国民经济的发展作出了重大贡献,同时在工业生产、农业灌溉、居民生活、生态环境等方面发挥了巨大的作用。

全面加强水利基础设施建设,加大水利工程风险管控与隐患排查力度,是党中央、国务院作出的重大决策部署,对保障国家水安全、扩大内需、推动经济高质量发展、稳住宏观经济基本盘具有重大意义。但与此同时,我们应该认识到水工程安全也面临着一些挑战和问题。

一、安全发展理念树得不牢

一直以来，水库大坝、河道堤防等水利工程设施存在"重建轻管"现象，重视工程建设，疏于建成后的日常管理、维修养护，导致工程老化严重，不仅影响着工程的安全运行，也给人民的生命财产安全带来了重大隐患。

2021 年 3 月，位于河南省济源市的小浪底水利枢纽附属工程西沟水库发生漫坝事故，2021 年水利部办公厅对本次事故情况进行了通报。这起事故是一起较大生产安全责任事故，造成直接经济损失达 2363.38 万元。直接原因是管理单位对水库闸门启闭机维修养护和管理不到位，事故发生前闸门控制系统可编程控制器存在电气故障，处于功能紊乱状态，致使闸门非正常自行开启。间接原因是水库运行管理薄弱，监管存在盲区，长期失管失察；灌溉洞供水支洞工作闸门维修养护和管理不到位，长期带病运行；水库水位监测缺失，现场视频监控系统未发挥监控作用；值班人员履职不到位，劳动纪律松弛；工程运行管理相关制度不完善，执行不到位等。事件的发生反映出管理单位未树牢安全发展理念，与贯彻落实统筹发展和安全的要求存在差距；主体责任落实不到位，运行监督管理体制存在漏洞；工程监测预警和应急管理不力；安全风险管控和隐患排查治理工作流于形式等。以上管理缺失等情况在水利工程管理单位还较为普遍。

二、水工程反恐安全问题突出

大型水利工程往往是一个国家重要的战略工程，它不仅兼具民生和经济效益，而且还关系国民的安全问题。一旦大型水利工程被毁，损失的可能不仅仅是财产，更重要的是，成千上万的普通老百姓会受到洪涝灾害的影响，这就需要对一些重要的水利工程实行特殊的保护措施。

高坝大库和跨流域调水工程等重大涉水基础工程由于其显著的军事、政治、经济和社会影响，极易成为恐怖爆炸袭击和局部战争的重点攻击目标。20世纪以来，世界范围内发生了多起大坝及其发电设施遭受爆炸袭击事件。例如，在第二次世界大战期间，英国对德国发起了"惩戒行动"，在这次行动中，英国军队就是利用炸弹对德国的鲁尔水坝进行攻击，大坝崩溃之后，洪水倾泻，不仅淹没了周边的煤矿和农田，还导致 125 座军需工厂受损停工，可以说给了德国致命一击。据美国国家安全局统计，2001—2011 年期间世界范围内遭受爆炸袭击的水电站就多达 25 座。表 6-4 为部分水库大坝遭破坏事件统计表。

表6−4　　　　　　　　　　　部分水库大坝遭破坏事件

序号	大坝名称	国家	大坝类别	最大坝高/m	事件	年份	破坏结果
1	Burguillo Dam	西班牙	混凝土重力坝	91	西班牙内战	1937	观察廊道破坏，未溃坝
2	Ordunte Dam	西班牙	混凝土重力坝	56	西班牙内战	1937	观察廊道破坏，未溃坝
3	Dnjeprostroj Dam	苏联	混凝土重力坝	60	第二次世界大战	1941	大坝上部溃口宽度约200m
4	Sorpe Dam	德国	土石坝	60	第二次世界大战	1943	坝顶出现12m深的弹坑，未失事
						1944	大坝出现弹坑（直径25～30m，深度约12m），未溃坝
5	Mohne Dam	德国	砌石重力坝	40	第二次世界大战	1943	大坝溃坝，溃口宽度75m、高度22m
6	Eder Dam	德国	砌石重力坝	48	第二次世界大战	1943	大坝溃坝，产生半径约为25m的半球形溃口
7	Ennepe Dam	德国	砌石重力坝	51	第二次世界大战	1944	未溃坝
8	Hwachon Dam	朝鲜	混凝土重力坝	78	朝鲜战争	1951	泄洪闸门被摧毁
9	Sui−ho Dam	朝鲜	混凝土坝	160	朝鲜战争	1952	90%的大坝设备被摧毁
10	Peruca Dam	克罗地亚	土石坝	60	巴尔干冲突	1993	大坝未溃坝（漫坝），观察廊道发生了严重破坏，左右两岸坝肩均出现较大的弹坑，且坝肩弹坑边缘距大坝库水位仅有30cm

三、水工程安全突发事件隐患大

水库工程水域面积宽广，水体流速较慢，沿岸村镇居民众多，是当地重要的生产与生活水源，无法做到封闭管理。跨流域调水工程本身具有输送线路长、跨越地域广、封闭管理难度大、管理主体多等特点，运行过程中潜藏着很多隐患。大型水工程因地理环境和气象条件差异较大，当出现自然灾害、水质污染等突发事件时，势必会对正常供水与输水造成影响，甚至将威胁工程沿线人民群众的生命财产安全，这些工程如遇突发水安全事件，对我国经济发展及社会稳定的影响将是不可估量的。

拓展阅读　　　　　　　　　　　　　　　　水工程突发事件

大型水工程突发问题按事件产生的直接原因，可以分为工程内部突发事件、工程外部突发事件。

1. 工程内部突发事件

（1）事故灾难事件，主要指重大质量与安全事故、水污染事件。水工程建设与运行期间可能会突发质量和安全事故，如土石方塌方和结构坍塌安全事故、特种设备或施工机械安全事故、引水渠衬砌破坏、闸门设备故障等。水工程运行中的水污染事件指水体中含有导致水质恶化的因素，特别是在长距离引水的过程中，如没有及时处理，就会在水中肆意传播导致水质恶化，进而引起水污染。

（2）公共卫生事件，在供水与调水过程中，水中某些有害物质和元素会一起被带到用水区，造成某些病毒病菌的传播和蔓延。长距离输水后，也可能引起水中某种化学成分缺少或过量而造成的区域性疾病。

（3）社会安全事件，主要指水事纠纷和群体上访事件。水事纠纷是指由于工程运行过程中水量分配不均而引起的纠纷。水工程建设过程中由于不同时期水库移民安置政策不同或同一时期不同水库移民安置政策的差异也可能会造成水源地移民的群体上访事件。

2. 工程外部突发事件

（1）自然灾害事件，主要包括旱灾、洪灾、地震灾害等。旱灾会引起供水危机。洪灾是指工程沿线（岸）降水量突增，排入沿线江河、湖泊、水库等的水量超过其承纳能力，造成水量剧增或水位急涨的事件。地震灾害会导致各类建（构）筑物倒塌和损坏、设备和设施损坏，影响工程相关功能。

（2）事故灾难事件，主要指工程以外原因引起的工程设施及设备故障、水污染事件。工程设施及设备故障指由于地震或沿线（岸）发生交通事故而引发工程设施及设备发生故障或损坏，造成工程不能正常发挥作用的事件；水污染事件是指输水河道或水库沿岸遭受人为恶意投毒、农药污染、沿岸化工厂泄漏、装载有毒有害化学品车辆渠道坠车等多种可能事件引起的水体污染。

（3）公共卫生事件，指调水工程沿线或水库沿岸由于生活污水排放引起工程水质污染，出现传染病疫情、群体性不明原因疾病等，进而影响工程沿线（岸）用水公众健康和生命安全的事件。

（4）社会安全事件，指境外敌对势力或某些对社会不满人士对工程实施恐怖袭击和人为投毒的事件，一般对重要建筑物和控制设施设备实施爆炸破坏或向工程水体投毒。该类事件给工程结构和水质安全带来严重威胁，对水工程的正常运行带来严重不利的影响。

四、水工程除险加固任务重

我国水工程种类众多，数量庞大，点多面广，建成年份跨越时间长，运行环境与维护程度也是千差万别，导致很多工程都是带"病"工作。

我国现有水库9.8万座，是世界上水库大坝最多的国家。其中，95%的水库是小型水库，且病险水库居多。土石坝水库占92%，而出现险情的坝型，绝大多数都是土石坝。近年来，超强暴雨等极端天气频发，给水库安全带来严峻风险和挑战。

根据水利部总体安排，"十四五"期间，水库除险加固的主要目标任务是，到2025年年底全部完成现有病险水库的除险加固任务。总量预计1.94万座，其中大型病险水库约80座，中型病险水库约470座，小型病险水库约1.88万座。实施55370座小型水库雨水情测报设施和47284座小型水库大坝安全监测设施建设；对分散管理的48226座小型水库全面实行专业化管护模式。由此可见，水库工程除险加固工作迫在眉睫，且任务繁重。

五、水工程安全管理水平与能力有待提升

我国水工程数量众多、分布地域广，大部水工程在运行维护方面，因资金、技术、人才等比较缺乏，严重制约了工程效益的正常发挥。如何精准施策、补齐管理与维护短板，是水工程安全管理面临的一大难题。

1. 信息化与智慧化程度不高

随着时代的进步、科技的高速发展，水利工程建设需要信息化，而水利信息化的核心便是对水利工程管理实行信息化。从目前水利工程管理的实际来

看，我国在应用信息化技术的过程中依然存在不足，这与水利高质量发展的要求差距较大。没有统一的运行管理平台，仍然存在多系统运行、信息不互通等问题；在项目施工的过程中为了节约资金，或由于监管不力等因素，导致信息化技术覆盖率不达标，很多信息化技术形同虚设，没有发挥实际用处；很多信息化技术应用于水利工程管理中只注重水利本行业现状及需求，没有很好地与工业、农业生产发展相适应，同样也会产生各种问题。

2. 专业技术人才匮乏

人才是事业之基、发展之本。然而，水利作为艰苦行业，尤其在水利基层，"人才引不来""引来留不住"的问题仍然存在。基层工作，关键在人，关键在于拥有"有文化、懂技术、会管理、敢创新"的优秀人才队伍。然而，当前水利基层人才的现状却不容乐观，亟待关注与破解。

据统计，2020 年全国县以下水利基层技术工人队伍中具有中专以上学历的人员占 36%，具有高级工以上技能等级的人员占 37%；专业技术人才队伍中具有本科以上学历的人员占 31%，具有中级以上职称的人员不足 36%；县市水利局局长和乡镇水利站所长中具有水利专业背景的仅占 39%。

第三节　水工程安全保障措施

党的二十大报告提出要健全国家安全体系，强化重大基础设施等安全保障体系建设，水工程作为重大基础设施，必须强化安全保障体系建设。

一、强化思想认识，确保水工程安全

1. 强化红线意识

习近平总书记在不同场合多次强调："人命关天，发展决不能以牺牲人的生命为代价。这必须作为一条不可逾越的红线。"必须把安全生产放在水工程各项工作的首位，水工程安全是一切水利工程正常运行的前提和基础。

2. 强化责任意识

坚持把水工程安全作为"一把手工程"来抓。按照"党政同责、一岗双责""齐抓共管、失职追责""管行业必须管安全、管业务必须管安全、管生产经营必须管安全"等安全生产责任制度，建立起主要领导负总责、分管安全生产工作的领导负综合监督管理领导责任、其他领导对分管范围内的安全生产工作负专业监督管理领导责任的领导责任体系。

3. 强化担当意识

水工程事关人民群众生命财产安全和国家发展稳定大局。对于所有从事水

6-5　▶

水工程安全
保障措施

工程安全监管工作的人员来说，必须要有责任与担当，始终保持昂扬向上的干劲，着力做好水工程安全生产大检查、大排查、大整治，重点隐患挂牌督办，坚决防范水工程安全事故的发生。

4. 强化法治意识

从事水工程工作，必须始终坚持以习近平法制思想为指导，做好水工程安全生产工作。一是不断提升水工程安全生产执法水平，严格按照法律规定进行执法；二是持续提升综合执法监督效能，引入社会力量、行业力量，强化社会监督；三是强化安全生产行政执法与刑事司法衔接，有力打击危害水工程安全的行为；四是增强全民安全生产法治意识，通过举办水工程安全宣讲活动，增强群众的法律意识。

二、健全应急反应机制，提升水工程反恐安全

美国"9·11"事件后，世界各国开始重视水利工程的反恐安全防护问题。水工程在发电、防洪、供水以及通航等方面作用重大，是国家重要的资源，也是易遭恐怖分子袭击的对象，失事后果极为严重。如何防范恐怖分子的破坏，保护水工程安全、国民的正常生活和维护国家的安全、繁荣与稳定是当前水工程科学研究的热门课题。

1. 适应新形势需要，制订相关技术规程

2020 年 6 月 5 日，水利部正式发布《水利行业反恐怖防范要求》，旨在有效防范、及时打击针对水利行业的破坏活动和恐怖袭击，建立反恐怖防范长效管理机制，提高水利行业反恐怖防范工作水平，确保人民群众生命财产安全，维护社会和谐稳定。

党的十八大以来，在国家能源局的领导下，水电行业总结提炼建设经验，广泛凝聚行业力量，制定了《水库放空技术导则》《梯级水库群安全风险防控导则》等面向新时期新形势水电发展需要的技术标准，有力引领了水电技术高质量发展。对于重要的水库工程，根据规程规范的有关规定，设置必要的放空建筑物，在特殊情况下，提前开启放空设施，以降低水库水位，减少库容，避免造成人为洪水。

2. 建立水库大坝反恐应急反应机制

利用现代信息技术、网络技术、遥控监视等现代化、智慧化技术手段，为水工程安全的信息获取、分析、报警、管理，以及应急反应的启动、信息传递与统一协调指挥，建立一个便捷、高效的基础工作平台，有效地防范和及时处置危及水库大坝的恐怖事件，提高我国水工程的安全管理水平。

三、强化水工程安全突发事件处置能力

大型水工程突发性水安全事件具有不确定性、危害紧迫性、需快速有效响应性等特点，可能在短时间内影响防洪、发电、供水、灌溉、养殖等功能，导致非功能性弃水或意外停水，并经由蔓延、转化、耦合等机理严重影响到周边生态系统进而引发复杂的社会问题。因此，如何做好水工程突发性水安全事件应急处置工作，保护水体健康、可持续发展，是社会亟待解决的问题之一。

1. 着力提高突发水安全事件风险化解能力

构建调水工程沿线与周边公共水环境安全保障机制，依托应急管理部门建立联席会议制度或议事协调机构，形成协调型应急管理体系，明确水安全事件应急流程及应急资源调度等内容；建立健全突发环境事件省、市、县（区）三级专家库，将政府部门、高校、化工企业等人才充实进库，当发生突发水安全事件时，迅速抽调相应专家协助研判和决策；打通各级部门之间水安全应急指挥调度平台，在工程周边城市组建水安全突发事件应急专业队伍，建立健全风险防范机制，组织人员开展培训学习；逐步在沿线（岸）重要码头、事故多发地附近建设应急物资存储仓库，配齐冲锋舟、监测车、水陆两栖收油机等应急物资与设备，并定期更新，所需经费由省、市、县（区）三级财政予以共同保障。

2. 倾力构建突发水安全事件应急防范体系

省级层面组织系统梳理水工程所处流域重点园区、重点企业的分布和生产经营情况，同时建立包含周边企业原辅材料在内的化学品应急数据库；加大对航运船舶、沿线（岸）港口码头等营运资质审核以及安全保障措施的检查力度，杜绝隐患船、老旧船和无资质企业参与危险品营运，坚决禁止不符合要求的危险品装载船舶通行。开展沿线（岸）园区和重点企业三级防控体系建设，落实涉重涉危等重点园区"企业-公共管网（应急池）-区内水体"突发环境事件三级防控措施；全面系统掌握工程沿线（岸）汇水河流水文、闸坝信息，以空间换时间的思路提前规划、构建能够满足应急处置需要的污染团截流暂存区，一旦沿线发生水环境事故可以迅速修建临时应急池，及时将污染团引入截流暂存区，实现清污分流、降污排污等功能，将其对下游的影响降低到最小。

3. 大力实施突发水安全事件预警预案演练

根据水工程沿线（岸）潜在风险区域性、布局性、结构性等特点，科学制定省、市、县（区）三级应急预案，制定油品、危险化学品泄漏等水安全事故

应急内容、要求和措施，提出水安全风险管理优控清单；定期组织防范水安全事件的综合演练，加强沿线城市的协调与配合，提高共同合作的快速反应能力；定期召开调度分析会，不断优化应急力量，确保应急所需人员、车辆、监测和通信等设备处于良好状态，不定期组织应急指挥平台联调联试，确保指令畅通；整合优化沿线（岸）水文和水环境质量监测点位，加密布设浮标式监测监控设备，采取自动监控和人工监测相结合的方式，逐步打造全天 24 小时、干流和重要支流"时空全覆盖"的在线智慧监控体系，为政府和有关部门提供科技和数据支撑，发现异常可以第一时间进行预警研判和有效处置。

四、锚定水利高质量发展目标推进水工程除险加固

水利部强调，要建构"一二三四"工作框架体系，其中"一"是锚定一个目标，即加快构建现代化水利基础设施体系，推动新阶段水利高质量发展，全面提升国家水安全保障能力。

水工程的除险加固，重点是病险水库、堤防、水闸的加固改造，消除安全隐患，恢复基本功能。2022 年水库安全度汛视频会议上，水利部指出，病险水库是我国防洪体系中最薄弱的环节和最大的安全隐患之一，要加快实施病险水库除险加固，及时消除安全隐患，确保水库安全度汛。各级水利部门要进一步增强紧迫感和责任感，明确目标，加大推进力度，强化监督问责，精准施策、保质保量完成除险加固，消除防汛"心腹之患"，确保人民生命安全。

"十四五"期间，计划安排中央水利发展资金 245.2 亿元，其中用于小型水库除险加固资金 125.2 亿元，用于小型水库维修养护资金 120 亿元。除此之外，还要支持各地统筹财政预算资金和地方政府一般债券额度，主要用于小型水库除险加固、水雨情测报、安全监测设施完善等工作，支持健全水库险情防范快速处置机制，不断提升水库运行管理能力和风险防控能力。

同时，国家还将建立长效机制。今后，每年达到安全鉴定期的水库，要及时进行安全鉴定。对于鉴定出的病险水库，要及时安排除险加固。水利部还将完善小型水库雨水情测报设施和大坝安全监测设施；并建立运行管护长效机制，加强运行管护工作。

五、提升水工程管理专业化与智慧化水平

1. 多措并举培养水利专业技术人才

近年来，各级水利部门认真学习习近平总书记关于人才工作的重要论述，深入贯彻中央人才工作决策部署，聚焦水利事业发展需要，坚持人才优先发展

战略，深入实施人才发展创新行动，不断完善人才发展体制机制，统筹推进各类人才队伍建设，水利人才工作取得扎实成效，为水利发展改革提供了坚强保障。

截至 2021 年年底，全国水利系统从业人员 77.9 万人，其中在岗职工 74.8 万人。在岗职工中，部直属单位在岗职工 6 万人，地方水利系统在岗职工 68.8 万人。

水利部提出，要全面贯彻新时代人才工作新理念新战略新举措，全方位培养、引进、用好水利人才，以更高标准、更大力度、更实举措推进新时代水利人才工作，让水利事业激励水利人才，让水利人才成就水利事业。要做好水利人才工作顶层设计，科学谋划水利人才工作思路、目标方向、重点和工作路径。要聚焦重点队伍建设，抓好领军人才培养选拔、重点领域人才队伍建设、青年人才培养使用。

2. 深入推进智慧化技术在水利工程管理及维护中的应用

水利工程管理智慧化建设作为水利行业发展能力的重要组成部分，是彻底改变水利工程"重建轻管"发展惯性的重要抓手，伴随水利业务拓展智慧水利推进生态文明建设，需要不断实现自我创新，领跑行业。2022 年 1 月，国家发展和改革委员会、水利部联合印发了《"十四五"水安全保障规划》，这也是国家层面首次编制实施水安全保障规划。该规划确定了六条实施路径，其中之一是推进智慧水利建设。

进入新发展阶段，智慧化已成为衡量水利发展水平的重要指标。党的十九届五中全会通过的《中华人民共和国国民经济和社会发展第十四个五年规划和2035 年远景目标纲要》提出了"构建智慧水利体系，以流域为单元提升水情测报和智能调度能力"的明确要求。这是对"十四五"时期和未来一段时期我国水利基础设施建设作出的重大部署，为新时期水利改革发展指明了前进方向。智慧水利建设需要以数字化、网络化、智能化为主线，以数字化场景、智慧化模拟、精准化决策为路径，全面推进算据、算法、算力建设，加快构建具有预报、预警、预演、预案功能的智慧水利体系。

第四节　案　例　分　析

任务导引：结合我国水库工程的基本特点，分析水库运行管理的重点与难点，评价病险水库对水安全的影响，总结近年来我国水库除险加固所取得的成效，认识除险加固对水库工程安全运行的重要意义。

背景介绍：水库工程是开发利用水资源和防治水旱灾害的重要工程措施之一，是流域防洪工程体系的重要组成部分，也是国家水网的重要节点，对保障防洪、供水、生态、发电、航运等至关重要。

水库的安全问题事关人民群众生命财产安全和公共安全，我国水库大坝具有"六多"的特点。一是总量多。我国现有水库9.8万座，是世界上水库大坝最多的国家。二是小水库多。我国现有水库中95%的水库是小型水库。三是病险水库多。自21世纪初，我国开展了大规模的水库除险加固工作，有力有效保障了水库的安全，但截至目前仍有大量病险水库。四是土石坝多。我国的大坝类型中92%是土石坝。世界范围内出现溃坝的坝型和出险的坝型，绝大多数是土石坝。五是老旧坝多。我国现有水库大坝80%建于20世纪50—70年代。六是高坝多。截至2021年年底，全世界已建成的200m以上的高坝有77座，中国有20座，占26%；全世界在建的200m以上的高坝有22座，中国有15座，占68%，均排第一位。小水库、病险水库、土石坝、老旧坝叠加，加之近年来，全球范围内极端天气发生频度强度增加；同时城市化进程中，水库下游人口聚集，对水库工程安全运行提出了新的更高要求。

1998年特大洪水之后，各地按照党中央、国务院统一部署，对水库开展了大规模的除险加固。近年来，国家发展和改革委员、财政部安排中央资金1553亿元，对2800多座大中型水库和6.9万座小型水库进行了除险加固，工程安全状况不断改善，水库除险加固成效显著。按照中央的要求，我国要尽快完成存量病险水库的除险加固，2025年底之前，要对现在没有鉴定的3万多座水库完成安全鉴定，建立常态化机制，以后及时鉴定，不发生病险水库存量，及时除险加固。同时要对已实施的除险加固工程及时竣工验收，确保完工一座、验收一座、发挥效益一座。

要点分析与启示

通过实施除险加固工程，水库安全状况不断改善。一是消除工程本身险情，比如消除水库挡水、泄水还有输水建筑物渗透等工程设施的老化故障隐患，解决了防洪标准不达标的问题，提高了安全保障水平。"十三五"时期，我国水库年均溃坝率是0.03‰，为历史最低。世界公认的低溃坝率的标准是0.1‰，我国远远低于世界公认的低溃坝率标准，水库大坝安全状况总体可控。二是在水库增效方面，增加了水库新的防洪库容，过去水库长期带病运行，水库效益难以发挥，通过除险加固，水库的蓄水能力、供水保证率都得到了提高，防洪灌溉供水功得到了恢复和改善。三是有效改善库周水生态水环境，为美丽乡村建设发挥了重要作用。

除险加固事关水库的健康、安全运行，是保障水安全的重要举措。要加强项目前期工作，完善基本建设程序，实施精准化、信息化管理。

作业与思考

一、填空题

1. 常见的水库一般由（　　）、（　　）、（　　）三部分组成。

2. 水库按其所在位置和形成条件，通常分为（　　）、（　　）和（　　）三种类型。

3. 排涝工程是指由各级固定排水沟道以及建在沟道上的各种建筑物所组成的综合工程体系，其主要功能是（　　）和（　　）。

4. 为有效防范、及时打击针对水利行业的破坏活动和恐怖袭击，2020年6月5日，水利部正式发布（　　）。

5. 我国防洪体系中最薄弱的环节和最大的安全隐患之一是（　　）。

二、简答题

1. 简述我国水利工程运行管理中存在的主要问题。

2. 简述提升水工程管理专业化与信息化水平的主要手段。

3. 简述水工程安全突发事件处置的主要方法。

第七章
水利信息安全

为贯彻习近平总书记关于网络强国的重要思想，落实《中华人民共和国国民经济和社会发展第十四个五年规划和2035年远景目标纲要》提出的"构建智慧水利体系，以流域为单元提升水情测报和智能调度能力"要求，水利部党组把智慧水利建设作为推动新阶段水利高质量发展六条实施路径之一。关于大力推进智慧水利建设的指导意见提出要完善水利网络安全体系，做好水利网络安全管理、防护和监督。但是，随着网络攻击、数据泄露等问题的不断加剧，水利行业作为国家关键信息基础设施的重要行业之一，一定要筑牢水利网络安全屏障，全面提升网络安全保障能力。

第一节　概念及相关知识

一、水利信息化

7-1

水信息安全
相关概念

　　水利信息化就是在水利行业普遍使用现代通信、计算机网络等先进的信息技术，充分开发与利用与水有关的信息资源，实现水利信息采集、传输、存储、处理和服务的网络化与智能化，全面提升水利行业各项活动的效率和效能，直接为防洪抗旱减灾、水资源的开发、利用、配置、节约、保护等综合管理及水环境保护、治理等决策服务，提高水及水工程等科学管理水平。

（一）水利信息化的发展历程

1. 水利信息化研究起步阶段（1996—2000年）

20世纪90年代以来，随着空间、信息、网络通信等技术的发展，全世界范围内掀起了信息化的浪潮。1996年1月，国务院成立了信息化工作领导小组，确立了信息化在国民经济和社会发展中的重要地位，各行各业纷纷启动本领域的信息化建设。水利作为一个信息密集型的行业，早期以防汛信息化为核心，建立了雨水情报汛站、防汛通信线路及水情信息接收处理系统。"九五"时期启动了金水工程，初步形成了信息化水文基础数据，并逐步实现了全国流域机构的水情信息互联。

2. 水利信息系统建设与应用阶段（2001—2010 年）

1998 年长江全流域特大洪水发生后，水利部党组提出由工程水利向资源水利转变，由传统水利向现代水利、可持续发展水利转变，以水资源的可持续利用支撑社会经济可持续发展的治水新思路。2001 年，水利部党组确立了"以水利信息化带动水利现代化"的发展思路。在数字地球背景下，水利行业先后提出"数字流域""数字水利""数字灌区""数字水库"等概念及相关建设规划。

3. 水利信息化新阶段——智慧水利/智慧水务（2011 年至今）

2008 年 11 月，IBM 提出智慧地球发展理念，"智慧"取代"数字"孕育出"智慧城市""智慧水利""智慧水务"等概念。2010 年，江苏省水利厅推进江苏省智慧水利信息化建设 。2011 年起，在智慧地球概念下，智能信息技术逐渐深入应用到水利行业，衍生出智慧水利作为融合各水利业务系统互联互通的平台，各地水利信息化建设开始由单个信息系统开发转向注重信息系统之间的互联互通和信息平台的顶层设计。2012—2013 年，在物联网、云计算、大数据等信息化技术及 IBM 智慧城市概念的加持下，"智慧水务"概念应运而生。

（二）水利信息化技术

1. 水利信息化的地理信息系统技术

地理信息系统的功能非常强大，在各个行业被广泛地应用。在水利工程发展的过程中，通过地理信息系统，充分发挥其信息作用，能够快速地对位置进行确定，且具体信息比较公开透明，能够准确分析水利工程情况。实施地理信息系统技术可管理基础地理信息、展示水利专题信息、运用统计分析功能、应用三维 GIS 技术，从而为水利信息化发展提供准确、完整的地理信息。

2. 水利信息化的数据库技术

信息技术的发展离不开数据库技术。通过数据库技术对数据进行保存，并实施有效管理，建立水情数据库之后可及时了解我国水利情况，查询降雨量，从而实施水利管理的具体措施。目前，水情数据库被我国广泛地应用，对防洪减灾具有非常积极的作用，同时为社会发展提供了诸多的便利，保证信息在安全的位置存储，为水利数据分析提供了坚实的基础。

3. 水利信息化的网络技术

在采集水利信息的时候，计算机网络技术能够提高其效率。建立水利信息局域网，能够保障网络应用的安全性，根据各个地区的实际情况，对网络技术进行分类，可保护数据信息的安全。比如，在进行防汛工作时，实施网络技术术，可及时传输汛情信息，为决策者提供信息条件。除此之外，保障网络技术的稳定性也非常重要，应该制定应急方案，减小因故障问题而造成的损失。

4. 水利信息化的遥感技术

通过遥感技术能够精准识别不同数据，使处理数据的速度呈上升趋势。在水利信息化建设的过程中实施遥感影像技术，可准确确定洪旱灾害的位置，并对实际情况进行判断，从而具体分析受灾面积，从而制定科学合理的防治措施。与此同时，利用遥感技术，还能够为救灾活动提供技术支持，很大程度上降低灾害的影响。

5. 水利信息化的数字孪生技术

数字孪生是充分利用物理模型、传感器更新、运行历史等数据，集成多学科、多物理量、多尺度、多概率的仿真过程，在虚拟空间中完成映射，从而反映相对应的实体装备的全生命周期过程。数字孪生是一种超越现实的概念，可以被视为一个或多个重要的、彼此依赖的装备系统的数字映射系统。比如，数字孪生流域是以物理流域为单元、时空数据为底座、数字模型为核心、水利知识为驱动，对物理流域全要素和水利治理管理全过程的数字化映射、智能化模拟，实现与物理流域同步仿真运行、虚实交互、迭代优化。以数字孪生流域建设带动智慧水利建设，通过数字化、网络化、智能化的思维、战略、资源、方法，提升水利决策与管理的科学化、精准化、高效化能力和水平。

二、水利信息安全概念

随着水利信息化的深入开展，水利计算机网络中存在的安全问题日益突出，黑客攻击、计算机病毒、非授权访问、信息泄露或丢失等安全威胁，影响着水利事业的健康发展。水利信息安全是水利系统安全稳定运行的保障，水利信息安全包括水利信息化网络安全和水利数据安全两个方面。

1. 水利信息网络安全

水利信息网络安全是指水利信息化网络系统的硬件、软件及其系统中的数据受到保护，不因偶然的或者恶意的原因而遭受破坏、更改、泄露，水利信息化系统能连续可靠正常地运行，网络服务不中断。

2. 水利数据安全

《中华人民共和国数据安全法》第三条，给出了数据安全的定义，是指通过采取必要措施，确保数据处于有效保护和合法利用的状态，以及具备保障持续安全状态的能力。水利数据包括水文水资源、防汛抗旱、水利工程、水土保持、农村水利、水库移民与扶贫、水行政执法、水利安全监管与水利规划等各类数据。

数据安全有对立的两方面的含义：一是数据本身的安全，主要是指采用现代密码算法对数据进行主动保护，如数据保密、数据完整性、双向强身份认证等；二是数据防护的安全，主要是采用现代信息存储手段对数据进行主动防护，如通过磁盘阵列、数据备份、异地容灾等手段保证数据的安全，数据防护安全是一种主动的保护措施。

数据本身的安全必须基于可靠的加密算法与安全体系，主要是有对称算法与公开密钥密码体系两种。数据处理的安全是指如何有效地防止数据在录入、处理、统计或打印中由于硬件故障、断电、死机、人为的误操作、程序缺陷、病毒或黑客等造成的数据库损坏或数据丢失现象，某些敏感或保密的数据被不具备资格的人员或操作员阅读，而造成数据泄密等后果。而数据存储的安全是指数据库在系统运行之外的可读性。一旦数据库被盗，即使没有原来的系统程序，照样可以另外编写程序对盗取的数据库进行查看或修改。从这个角度说，不加密的数据库是不安全的，容易造成商业泄密，所以便衍生出数据防泄密这一概念，这就涉及了计算机网络通信的保密、安全及软件保护等问题。

水利部根据《中华人民共和国保守国家秘密法》《中华人民共和国保守国家秘密法实施办法》确定了国家机密级、秘密级水利数据信息。国家机密级水利数据信息包括：省级及省级以上防汛指挥机构在发出调度命令前的大江大河、重要湖泊、重要水库、蓄滞洪区的防洪重大决策；依照《中华人民共和国招标投标法》招标的水利工程的标底资料，投标文件的评审和比较、中标候选者的推荐情况，未公布的招标计划，评标人姓名，中标后的谈判方案等；为战时或军事活动提供的水文实时信息、预报成果和供水情况（包括水源地位置、线路分布、供水量、水质状况、供水设施运行管理资料等）；为国防、军事服务的水利工程的规划、勘测设计、建设管理资料；大型水利工程战时防护的试验和研究资料；国际河流系统的水文资料、水资源开发利用资料（不含同有关国家、地区、国际组织有协议的）；国际河流的流域规划（包括综合规划和专业规划），国际河流上的水利工程的规划、勘测设计、投资计划、开工报告、阶段性及竣工验收报告、后评价报告、施工进度报表、财务决算、运行维护等资料（不含同有关国家、地区、国际组织有协议的）。国家秘密级水利数据信息包括：全国水利发展五年计划和中、长期规划，大江大河（含一级支流）的流域规划（包括综合规划和专业规划），国家水利固定资产投资的年度计划；

省级及省级以上防汛指挥机构未公布的水库垮坝和堤防决口情况；大江大河、重要湖泊、大型和重点中型水库水质监测的系统完整的原始资料，水行政主管部门未公布的供水水源地的水质资料；大型水利工程环境影响论证、评价的原始资料；省级及省级以上防汛指挥机构未公布的洪涝和干旱灾情；大、中型水库诱发地震的监测和预报资料；影响社会稳定的重大水事纠纷的资料；国际合作中的谈判方案及对策；河口地区系统的潮水位、潮流速、潮水温、潮流量、潮波及江河入海口的水文资料；用国家统一坐标测制，大于 1∶10 万的库区、坝区地形图、枢纽布置图等水利专业图件及大于 1∶2.5 万的遥感图像；国际河流的洪水水情实时信息、预报成果（不含同有关国家、地区、国际组织有协议的）。水利工作中不属于国家秘密，但又不宜公开的事项，应当作为内部事项管理，具体范围由该事项产生单位规定，未经该单位的保密部门批准，不得擅自扩散和对外提供。

第二节　水利信息安全存在的问题

一、网络攻击愈发频繁

网络病毒可以通过多种不同的方式进行传播，如点开陌生链接或者接收陌生邮件等都有可能让电脑被病毒所侵袭，增加了网络安全的防范难度。其中黑客的攻击会直接给系统的运行环境造成破坏，使其瘫痪。

二、网络安全防护体系不完善

网络安全防护体系没有及时应用新型的防护技术，使得安全防护体系漏洞百出，难以针对相关问题进行有效防护。例如水利信息化系统以往在防范外部攻击时主要是通过隔离的方式进行防范，通过密码或者口令的方式限制用户权限。这一类防护技术具有独立性的特点，难以针对不同类型的攻击进行有效防范。系统所使用的杀毒软件过于落后，经常会出现误杀和误报的现象，并且兼容性较差，在运行过程中需要占用计算机较多的资源，影响了网络安全防护的效果。

三、安全管理工作难度大

安全管理工作存在着较多的问题：第一，未明确安全管理工作责任，未形成系统性的安全责任体系，一旦出现运行问题，难以及时查找到相关责任人，难以提升安全运维人员的责任意识。第二，缺少专业的网络安全人才。水利部门工作人员普遍拥有专业的水利知识，但是对信息化技术的掌握程度还不够，难以合理利用水利信息化系统，也无法及时发现其存在的漏洞问题。部分工作人员不仅需要负责对系统进行安全防护，同时还需要负责设备维修以及设备调试等，缺少专门负责安全系统防护工作的人员。第三，在安全防护方面没有投入充足的资金，难以针对网络安全管理体系进行建设和完善。第四，难以针对突发问题进行有效的应急处理。应急预案操作性差，难以对突发问题进行有效处理。

四、信息化体系安全运维压力增加

软件应用可以为水利行业的发展提供重要的数据支持，同时还能给环保领域、水利领域以及自然资源管理领域提供数据服务。目前水利信息网络已经不再是单独组网的状态，开始和各种网络系统互相连接，并且及时交换数据，网络系统出现了去边界化的现象。这种模式虽然有效提高了各种数据共享的速率，但是也在一定程度上增加了后期网络安全运维的压力，需要面临不同信息资产给系统运行带来的风险问题。这需要网络安全运维人员能够针对风险问题进行有效的分析和管理，提升抵抗安全风险问题的能力和水平，这也对运维人员的综合能力提出了更高的要求。

第三节　水利信息安全保障措施

各类信息技术发展速度持续加快，互联网技术、云计算技术、大数据技术在水利行业有着广泛的应用，给水利信息化建设带来了重要的技术保障。通过对水利信息化安全防护体系进行完善和改进，能够适应现阶段互联网时代的发展趋势，有效推进水利行业的持续发展。

7-2　　▶

水利信息安全
保障措施

一、在业务网部署网络安全态势感知系统

安全态势感知技术可以弥补以往无法应对连续性威胁的问题，全面收集有关于系统信息的安全要素，利用大数据挖掘技术针对网络安全形势进行有效分析，并预估之后网络系统的安全情况，有利于及时了解网络风险问题的出现概率。安全态势感知系统将大数据技术作为基础架构，属于分布式状态，可靠性较高，能机器化学习。该系统还可以针对元数据实施统一化的标准管理，能够存储大规模的元数据，同时还能够让管理人员在系统中进行数据检索，利用各

种不同手段挖掘数据内部的规律和价值。常用的信息技术手段包括关联分析技术、机器学习技术、联机分析处理技术等，可以对数据的内在联系进行归纳和总结，及时检测异常数据，分析存在的安全攻击现象。水利行业可以在业务内网、水利专网和大数据中心建立三级的态势感知体系，实现监管、运营和攻防态势感知"三合一"。比如让第一级的态势感知对全面的流量数据进行分析，发现异常行为，形成告警；告警汇集到第二级态势感知后，安全运营人员根据这些流量告警信息进行研判分析，做出响应处置，形成安全事件；安全事件到达第三级的态势感知后，结合上级掌握的更全局的数据，做出决策，下达指令，协同多方进行处置，实现无缝衔接。

二、积极开展网络安全攻防演练

网络安全攻防演练的重点在于能够对不同类型的攻击行为进行有效的控制，可以对业务系统的破坏和渗透程度进行管理，不能使其影响到水利信息业务系统的运行。在安全攻防演练的过程中，由指挥人员利用扫描工具或者 SQL 注入工具对信息系统进行攻击，在进行攻击前需要对攻击目标信息、扫描结果信息以及风险事件信息进行报备，获得审批许可后才能够对系统发起攻击。专家需要针对攻击行为进行监管和分析，确保在攻防演练过程中不会出现风险事件过于严重的现象，提升攻防演练的可控性。在完成攻防演练后，需要对攻防演练计划进行合理的总结，分析现阶段网络安全防护系统存在的问题，以此来对网络安全防护体系进行持续优化。

三、使用网络安全防护技术

各种智能化技术的使用有利于提高网络安全防护效果，对存在的问题进行智能化分析，并对攻击行为作出相应的解决措施，在第一时间处理攻击行为，减轻网络攻击对水利信息化体系的破坏和影响。常用的网络安全防护技术如下。

（1）入侵检测技术，其包括的功能类型较多。①威慑功能，针对发现的入侵行为会发出警示信息，并使其主动退出计算机系统。②检测功能，能检测不良行为的具体出现原因以及严重程度，为后续不良行为处理措施的制定提供数据支持。③响应功能，检测到非法行为后会及时进行预警和响应，使后台能够了解到入侵行为的基本信息，能够及时采取措施进行防范和处理。④损失评估功能，如果没有及时对入侵行为进行处理，造成了一定损失，则该技术也可以对损失情况进行评估。目前入侵检测技术和智能化技术之间的融入程度不断加深,例如开始积极使用神经网络技术,能够智能化分析计算机网络系统存在的问题。同时该种技术还可以针对用户的操作情况进行审计跟踪,观察用户自身在使用系统时是否出现了违反安全要求的现象,从而提升网络系统运行的稳定性。

(2)数据加密技术是一种信息转化技术,可以通过加密钥匙针对数据信息进行加密处理,将原本具有一定数据和意义的数据转变成为无意义数据。当数据完成传输时,接收方可以使用解密钥匙破解加密内容,此技术可以提升网络系统运行的安全性。现阶段数据加密处理技术已经开始和通信技术进行深入融合,可以对各种不同类型的数据进行加密和解密处理。该技术包括的类型较多,包括专用密钥、对称密钥、公开密钥以及非对称加密技术,在选择加密技术的过程中可以根据具体需求进行挑选。

四、重视提升安全管理工作质量

第一,落实安全管理责任体系,一旦发生风险事件,需要立即追究相关责任。明确在安全问题管控过程中各个部门工作人员的职责,当出现安全风险问题,根据责任制度分析引起问题出现的关键环节和人物,以此来对相关责任人进行责任追究。通过该种模式能够提升管理人员的责任意识,使其能够将加强风险防控落实到工作实处,提升安全防护工作的质量和水平。第二,培养专业的安全运维人才。水利部门需要重点针对网络安全维护人员进行培养,积极吸收新型的信息化人才,使其可以针对网络系统进行有效维护,能够及时发现存在的网络安全隐患问题。

拓展阅读 水利网络安全管理办法

2019年8月,水利部网信办组织制定了《水利网络安全管理办法(试行)》(以下简称《管理办法》),通过审议后印发,为水利行业网络安全强监管提供准则和依据,是健全水利网络安全保障体系、提升水利网络安全防护能力的重要举措。《管理办法》包括总则、网络安全规划建设、网络运行安全、监测预警与应急处置、监督考核与责任追究、附则共六章。《管理办法》指出,水利网络安全遵循"积极利用、科学发展、依法管理、确保安全"的方针,建立及时发现漏洞、及时有效处置漏洞和严格责任追究三套机制,确保水利信息化规划建设同步落实网络安全等级保护制度,明确运行阶段网络安全责任。《管理办法》围绕查、改、罚等环节,强化利用攻防演练、渗透测试、在线监测等客观、有效方式去发现问题;深入评估、分析问题产生的原因,采取修补漏洞、系统升级、部署防护措施、完善管理制度等措施进行有效处置、整改；明确责任追究主体及原则，细化责令整改、警示约谈、通报批评以及建议行政处分和组织处理等追究方式，将水利网络安全保护对象重要程度与网络安全事件严重程度组合量化追究事项，对造成严重损失及危害的、屡教不改的，从严从重处罚，直至追究行政、法律责任。突出问题导向，对于2019年水利部攻防演练发现的41.5%属于信息化项目规划建设阶段没有同步落实网络安全等级保护要求留下的问题，以及58.5%属于运行阶段管理不到位造成的问题，明确了具有针对性、有效性的解决措施。同时，通过"网络安全规划建设""网络运行安全"两章，明确具体任务、责任单位，建立了信息系统全生命周期安全管控规范，有效解决上述问题，确保实用、管用。

第四节　案　例　分　析

任务导引：以以色列水资源管理系统遭到网络攻击为例，分析水利信息安全的重要性和保障水利信息安全的措施。

背景资料：

中国水网2020年8月17日刊登《供水网络安全当"警钟长鸣"》文章，网易网站上刊登《一场挫败的网络攻击敲响供水系统安全警钟》文章，均报道了以色列供水设施遭袭事件。

5月28日，以色列国家网络安全负责人公开承认，该国4月份挫败了对其供水系统的大规模网络攻击。以色列国家网络管理局负责人表示，这场针对其供水系统的攻击险些酿成人道灾难，开启了秘密网络战的新时代。

以色列国家网络管理局负责人伊加尔·乌纳（Yigal Unna）表示，此次针对以色列中部供水设施的攻击不是为了经济利益，是对以色列及其国家安全攻击的一部分，目的是"引发人道灾难"。

在国际网络大会CybertechLive Asia的致辞中，乌纳介绍了此次具有国家背景的黑客组织攻击。据介绍，这次袭击是有组织的行动，目标是用于控制供水网络阀门的"可编程逻辑控制器"。洛杉矶水电局前CIO Matt Lampe认为，此次针对以色列供水设施的攻击肯定是由手段高明的攻击者发起的，背后可能是国家级组织。"这类攻击必须针对具体控制系统进行专门的研究。"

网络攻击首先被水务局的员工监测到，随后通知了以色列的网络安全机构。由于攻击被很快发现和阻断，对供水系统没有造成实质的损害。供水机构的员工被要求更改了运营系统的密码。

乌纳表示："万一攻击成功，在疫情危机期间，以色列将不得不面对损害平民、用水暂时短缺或其他更糟糕的后果；氯或其他化学品可能按照错误的比例被混入水源，给居民健康造成灾难性的后果。"

要点分析与启示

网络安全，就像是一场没有硝烟的战争，涉及经济、政治、军事、社会稳定等诸多关系国家安全命脉更是刻不容缓。

（1）从网络攻击层面看，工控系统已成为网络空间安全的重要战场。谨防"后门起火"第一要义就是构建网络边界防护，实现逻辑隔离。这样当威胁来临时可以及时阻断，避免造成"一损俱损"的严重后果。

（2）从企业层面看，应当提高企业技术实力，加大投入力度，加强工业信息安全关键核心技术研发和应用，不断增强既"看得见"又"守得住"的能力。

（3）从国家层面看，重点支持仿真测试、在线监测等技术支撑平台建设，不断强化态势感知、风险预警、应急处置、检测评估等技术保障能力；构建并不断完善一个有效、科学且合理的安全机制，并协同安全技术专家等各方力量，以此来推动我国工控系统的发展。

作业与思考

一、填空题

1. 水利信息化可以实现水利信息（　　　）、（　　　）、（　　　）、处理和服务的网络化与智能化。

2. 支撑水利信息化发展的技术主要有（　　　）、（　　　）、（　　　）（　　　）、（　　　）和（　　　）（　　　）。

3. 水利信息化网络安全防护体系建设存在的主要问题包括：（　　　）（　　　）、（　　　）（　　　）、（　　　）（　　　）（　　　）和信息化体系安全运维压力大。

4. 入侵检测技术所包括的功能类型是（　　　）、（　　　）、（　　　）和（　　　）（　　　）。

5. 网络安全攻防演练的重点在于能够对不同类型的（　　　）进行有效的控

制，可以对业务系统的破坏和渗透程度进行管理。

二、选择题

1. （　　）是一种超越现实的概念，可以被视为一个或多个重要的、彼此依赖的装备系统的数字映射系统。

A. 地理信息系统　　　B. 数字孪生　　　C. 遥感技术　　　D. 黑客技术

2. 提出智慧水利始于（　　）年。

A. 2000　　　　　　B. 2010　　　　　C. 2011　　　　　D. 2021

3. 网络安全防护层面一般有（　　）层。

A. 3　　　　　　　　B. 4　　　　　　　C. 5　　　　　　　D. 6

4. 下面属于网络安全防护技术的是：（　　）。

A. 入侵检测技术　　　　　　　　B. 数据库技术

C. 地理信息技术　　　　　　　　D. 大数据技术

5. 下面不属于水利信息化网络安全防护体系保障措施的是：（　　）。

A. 积极开展网络安全攻防演练　　B. 使用网络安全防护技术

C. 提升安全管理工作质量　　　　D. 部署全量数据中心

第八章
水安全展望

党的二十大报告明确提出了新时代新征程的使命任务，即全面建成社会主义现代化强国，实现第二个百年奋斗目标，以中国式现代化全面推进中华民族伟大复兴。新时代新征程，水治理面临新形势和新任务，水治理长期积累的一些问题也需要加快解决。此外，在气候变化与人类活动加剧的背景下，我国经济社会发展面临"百年不遇之大变局"，影响水安全的诸多因素存在更多复杂性和更大不确定性。

未来一段时期，治水作为推动全面建设社会主义现代化国家高质量发展的重要手段，要优化水利基础设施布局、结构、功能和系统集成，加快建设国家水网；要"把维护国家安全贯穿党和国家工作各方面全过程"，加快完善流域防洪工程体系，全面提升洪涝灾害防御能力；要加强水资源调度和管理，确保水资源安全；要加强水工程管理，确保工程安全；要牢固树立和践行"绿水青山就是金山银山"的理念，统筹水资源、水环境、水生态治理，推动重要江河湖库生态保护治理和河流湖泊休养生息，让河流恢复生命、流域重现生机；要"实施全面节约战略"，建立健全节水制度政策，推进水资源节约集约利用；要善用法治思维和法治方式解决问题，依法治水，完善水法治体系，统筹推进体制机制创新。

第一节　水安全共识将增进社会
对水安全新认知

安全是作为个体的人和社会群体的基本需求，无论是生命尊严的满足还是生存，安全都是基础条件，是社会发展进步的前提。如果没有安全的环境，一切都是空中楼阁。党的二十大报告指出"要坚决维护国家安全和社会稳定，防

8－1　▶

人人都是水安全的守护者

范化解重大风险，保持社会大局稳定，需增强全民国家安全意识和素养，筑牢国家安全人民防线。"

　　未来，全社会和每一位公民都会成为"节水优先"的践行者，水安全不单单是一句口号，每一位公民都是水安全的监督者、水危机的防御者，形成具有全面的"公民水素养"的新认知。"实施全面节约战略，推进各类资源节约集约利用"，节水护水时刻在行动，集政府、企业、公众、社会组织多方面的能量来守护水安全，形成水安全氛围，最终实现人水和谐的新局面。

一、水安全全局理念进一步形成

　　2021年，习近平总书记在深入推动黄河流域生态保护和高质量发展座谈会上讲话指出："现在随着生活水平的提高，打开水龙头就是哗哗的水，在一些西部地区也是这样，人们的节水意识慢慢淡化了。水安全是生存的基础性问题，要高度重视水安全风险，不能觉得水危机还很遥远。如果用水思路不改变，不大力推动全社会节约用水，再多的水也不够用。"

　　中国式现代化是物质文明和精神文明相协调的现代化，增强社会公众知水、爱水、节水、护水意识既是加强精神文明建设的内在要求，也是助力推动新阶段水利高质量发展的必备条件。"十四五"时期是我国开启全面建设社会主义现代化国家新征程的第一个五年。进入新发展阶段、贯彻新发展理念、构建新发展格局、推动高质量发展，以及推进社会主义文化强国建设，提高社会文明程度、提升公共文化服务水平等，对水情教育工作提出了新的更高要求。

　　2021年水利部、中宣部、教育部、文化和旅游部、共青团中央、中国科协等六部门联合印发《"十四五"全国水情教育规划》，规划提出，"十四五"水情教育工作要把增强公众水安全水忧患意识，提高公众节约水资源、保护水生态与水环境、应对水旱灾害能力作为出发点和落脚点，着力加强水情教育载体建设，创新水情教育形式和机制，全面提升水情教育工作能力和水平，夯实推动新阶段水利高质量发展、保障国家水安全的社会基础。到2025年，全国水情教育工作取得重要进展，社会公众特别是重点教育对象知水、爱水、节水、护水意识和应对洪涝灾害能力得到全面提升。

二、水素养整体水平进一步提高

　　自从2011年水利部提出"水素养"概念以来，水素养基础理论与评价研究逐渐引起社会各界的关注。"公民水素养"包括水知识、水技能、水态度、水行为等，公民水素养整体水平的提高需要从上述多方面综合发展。

在水知识方面，关于用水安全、节水护水的基本知识、水的价值等方面的认知将获得系统性提升，包括知道水是战略性经济资源、控制性生态要素，明白节水即开源增效，节水即减排降损；了解当地水情水价，关注家庭用水节水；强化节水观念意识，争当节水模范表率；以节约用水为荣，以浪费用水为耻等。

在水技能方面，公民将掌握节水方法，养成节水习惯。包括按需取用饮用水，带走未尽瓶装水；洗漱间隙关闭水龙头，合理控制水量和时间；洗衣机清洗衣物宜集中，小件少量物品宜用手洗；清洗餐具前擦去油污，不用长流水解冻食材；洗车宜用回收水，控制水量和频次；浇灌绿植要适量，多用喷灌和滴灌。适量使用洗涤用品，减少冲淋清洗水量；家中常备盛水桶，浴前冷水要收集；暖瓶剩水不放弃，其他剩水再利用；优先选用节水型产品，关注水效标识与等级；检查家庭供用水设施，更换已淘汰用水器具等。

在水态度和水行为方面，弘扬节水美德，参与节水实践。在行动上宣传节水洁水理念，传播节水经验知识；倡导节水惜水行为，营造节水护水风尚。提升节水文明素养，履行节水责任义务；志愿参与节水活动，制止用水不良现象；发现水管漏水，及时报修；发现水表损坏，及时报告；发现水龙头未关紧，及时关闭；发现浪费水行为，及时制止，公民的用水行为将进一步优化。随着水文化的传承与弘扬，公民水情感、水责任、水的价值取向也将进一步正向提升。

三、水安全宣教进一步充实

未来，人人知晓水安全，人人共创水安全，人人宣传水安全的参与主体将更加多元。拍摄节水行为规范倡议视频、宣传海报展示、悬挂条幅、发放节水宣传系列制品、节水倡议签名、现场宣讲、观看宣传片等宣传水安全的形式也将更加多样。每年的"中国水周"，是宣传水安全的重要活动周，未来各个层面都将参与进来，每年一个新主题，将展现全社会对水安全的新认知。

2023年3月由全国节约用水办公室主办，水利部宣传教育中心、团中央青年志愿者行动指导中心、中国科协青少年科技中心（科普活动中心）共同承办的全国节约用水知识大赛已经连续举办三年，该赛事对推进落实《国家节水行动方案》和《公民节约用水行为规范》，普及节水知识，增强公众节约用水意识和能力，在全社会营造科学用水、自觉节水的良好氛围，推动节水型社会建设大有裨益，已成为常态化赛事。

巡河护水、节水护水等水安全志愿服务也将持续发挥重要作用，仅湖南长沙每年暑假期间就有 1.5 万名河小青参加"守护母亲河"志愿服务活动。2022年，湖南省首个"河小青"行动中心在溆浦县成立，之后湖南其他县（市、区），如浏阳、双牌、冷水江等纷纷成立"河小青"行动中心，标志着湖南省以区县为点、以河流为线、以省为面的河流守护、绿色传播、生态修复、环保行动等志愿服务活动体系化的基本形成。

志愿者们充分运用网络技术，将活动阵地由地面向云端延伸：依托"河小青""巡河宝"小程序等移动互联网产品，自主开发"水资源知识问答"小程序；借助微信公众号、大学生志愿服务系统、易班、问卷星等平台，开展线上调研与知识科普；通过选拔专业人才组建水利科普知识讲师团，制作精品课程，在"世界水日""中国水周""中国青年志愿者服务日"及寒暑假等时间定期开展进学校、进社区、进乡村、进机关、进企业、进景区的节约用水"六进"宣传活动，进一步提高社会公众的爱水、惜水、节水、护水意识。未来以高校为依托的"节水宣传校外实践教育基地"将越来越广泛的建立，号召大家以实际行动改善水环境、保护水资源，同时利用高校的知识力量，将新媒体技术应用到水安全宣传中来，增加了宣传的互动性与有效性，未来这将是水安全宣传的一个重大阵地，为形成水安全氛围与认知提供强有力的支撑。

拓展阅读　　　　"世界水日""中国水周"你了解多少？

为唤起公众的水意识，建立一种更为全面的水资源可持续利用的体制和相应的运行机制，1993 年 1 月 18 日，第 47 届联合国大会根据联合国环境与发展大会制定的《21 世纪行动议程》中提出的建议，通过了第 193 号决议，确定自 1993年起，将每年的 3 月 22 日定为"世界水日"，以推动对水资源进行综合性统筹规划和管理，加强水资源保护，解决日益严峻的缺水问题。同时，通过开展广泛的宣传教育活动，增强公众对开发和保护水资源的意识。每年的"世界水日"，各个国家地区都会举办一些关于"水资源"的宣传活动，以提高公众节水的意识。

1988 年《中华人民共和国水法》颁布后，水利部即确定每年的 7 月 1 日至7 日为"中国水周"，考虑到世界水日与中国水周的主旨和内容基本相同，因此从 1994 年开始，把"中国水周"的时间改为每年的 3 月 22 日至 28 日，时间的重合，使宣传活动更加突出"世界水日"的主题。从 1991 年起，我国还将每年5 月的第二周作为城市节约用水宣传周，进一步提高全社会关心水、爱惜水、保护水和水忧患意识，促进水资源的开发和利用，加强水资源的保护与管理。

"世界水日""中国水周"的确定，使全世界都来关心并解决淡水资源短缺这一日益严重的问题。各国根据本国国情，都积极开展相应活动，提高了公众珍惜和保护水资源的意识。

2023 年 3 月 22 日是第三十一届"世界水日"，3 月 22—28 日是第三十六届"中国水周"。联合国确定 2023 年"世界水日"主题为"Accelerating Change（加速变革）"。2023 年"世界水日""中国水周"活动的主题为"强化依法治水　携手共护母亲河"。

第二节　水安全实践将护航中国式现代化新征程

党的二十大作出以中国式现代化推进中华民族伟大复兴的战略部署，要求加快构建新发展格局，着力推动高质量发展，优化基础设施布局、结构、功能和系统集成，构建现代化基础设施体系。从新时代水利现代化战略目标来看，从 2020 年到 2035 年，基本实现水利现代化，全面改善水生态环境状况，基本实现美丽河湖目标；从 2035 年到 2050 年，全面实现水利现代化，全面提升水安全保障能力，水治理能力达到现代化水平，水生态环境质量达到优良。对照新发展阶段目标任务和 2035 年现代化目标的设定，以及对贯彻新发展理念、构建新发展格局的诸多路径指引，展望未来，水利现代化应坚持以创新驱动为引领，按照建设现代化经济体系、统筹发展和安全及生态文明建设的有关要求，持续推动与现代化要求相适应的水利基础设施体系建设，持续推动水治理体系和水治理能力现代化建设，打牢现代化国家建设的强有力水利支撑。

8-2

水安全实践将护航中国式现代化新征程

一、江河战略事关党和国家事业全局

圣人治世，其枢在水——治水对于维系中华文明并长期领先于世界其他国家，发挥了至关重要的作用。因为我们早就认识到，"兴水利，而后有农功；有农功，而后裕国"。从世界历史看，近代之前的几千年，我国一直领先于世界，处于世界历史发展的顶峰。治水哲学深刻影响着国家治理，治水如同治国，治国必先治水，先进的治水文明在一定意义上决定了国家治理和国家强盛之道。2021 年 10 月，习近平总书记在主持召开深入推动黄河流域生态保护和高质量发展座谈会时指出，"继长江经济带发展战略之后，我们提出黄河流域生态保护和高质量发展战略，国家的'江河战略'就确立起来了。"这表明，"江河战略"已经作为党和国家意志被正式确立起来。

江河战略是习近平总书记站在"两个一百年"奋斗目标的历史交汇点上，统筹中华民族伟大复兴战略全局和世界百年未有之大变局，高瞻远瞩亲自谋划的国家重大发展战略，具有非常重要的意义。

一是有助于加快实现中华民族伟大复兴中国梦。人类文明大都发源于大江大河，新时代，习近平总书记亲自擘画的以长江、黄河为代表的江河战略，将有助于中华民族伟大复兴中国梦的加快实现。我国地势西高东低，陆域国土都在不同的流域范围之内，其中长江和黄河都是中华民族的母亲河，孕育滋养了5000多年的华夏文明，是我国人口和经济活动的主要空间载体，推进长江经济带和黄河流域生态保护和高质量发展，让长江和黄河成为造福人民的幸福河，是让中华民族母亲河永葆生机活力的重大举措，将为中华民族伟大复兴奠定扎实的物质基础、凝聚磅礴的精神力量。

二是有助于推进国家治理体系和治理能力现代化。流域是个复杂的地域综合体，流域治理水平在很大程度上反映了国家治理体系和治理能力水平，我国要实现现代化，必须推进国家治理体系和治理能力现代化，而治江治河就是检验国家治理能力的"试金石"和"显示器"。以长江、黄河为代表的江河战略推进系统治理、综合治理、源头治理、依法治理，有助于推进国家治理体系和治理能力现代化。

三是有助于扎实推进共同富裕。共同富裕是我国实现现代化的重要标志性目标，是坚持发展为了人民、发展依靠人民、发展成果由人民共享的具体体现。促进流域绿色发展和高质量发展，将会夯实共同富裕的物质基础，保护传承弘扬长江黄河等大江大河文化，将有利于推动中华优秀传统文化创造性转化和创新性发展，促进人民精神生活富裕。千百年来，人民逐水而居，靠水而生，江河战略实施，将开创人民由依水而生向依水而富转变的新局面，其历史悠久绚丽多彩的文化底蕴将成为中华民族共有的精神家园，长江黄河等大江大河将真正成为造福人民的幸福河。

准确把握国家"江河战略"的丰富内涵和实践要求，未来将以更大力度加强大江大河大湖生态保护治理，推进流域生态保护和高质量发展。长江流域把修复生态环境摆在压倒性位置，统筹考虑水环境、水生态、水资源、水安全、水文化和岸线等多方面的有机联系，坚持生态优先、绿色发展和共抓大保护、不搞大开发。黄河流域以水而定、量水而行，因地制宜、分类施策，上下游、干支流、左右岸统筹谋划，共同抓好大保护、协同推进大治理，让黄河成为造福人民的幸福河。坚持以流域为单元、水资源为核心、江河为纽带，统筹流域和区域、上下游、左右岸、干支流、地上地下，强化流域统一规划、统一治理、统一调度、统一管理，促进人水和谐共生、建设幸福江河。

江河战略是实现中国式现代化的重要支撑力量，担当着推进中华民族伟大复兴的重任。未来在不断谋划实施江河战略的过程中，我们将不断传承和弘扬中华民族优秀的治水哲学，在现代国家治理和发展中强化治水、不断解决因水资源制约现代发展问题的需要，同时在治水中不断完善国家治理的制度框架，走出一条体现着中国国情、中国特色的治水新思路。未来在江河战略的指引下，我们将不断完善治水法律法规与政策，依托流域整体规划治理，提升现代化水安全治理能力，不断推进中国式现代化进程，建设美丽中国，实现中华民族伟大复兴大业，重回世界文明之巅的担当。

二、国家水网为推进中国式现代化提供水安全保障

国家水网是现代化基础设施体系的重要组成部分，也是建设现代化产业体系的重要支撑。加快构建国家水网，建设现代化高质量水利基础设施网络，统筹解决水资源、水生态、水环境、水灾害问题，是党中央作出的重大战略部署。党中央、国务院印发《国家水网建设规划纲要》，明确到2035年，基本形成国家水网总体格局，国家水网主骨架和大动脉逐步建成，省市县水网基本完善，构建与基本实现社会主义现代化相适应的国家水安全保障体系。

当前，我国经济已转向高质量发展阶段，推动经济体系优化升级，构建新发展格局，迫切需要加快补齐基础设施等领域短板，实施国家水网重大工程，充分发挥超大规模水利工程体系的优势和综合效益，在更高水平上保障国家水安全，支撑全面建设社会主义现代化国家。

加快构建国家水网，是解决水资源时空分布不均、更大范围实现空间均衡的必然要求。我国基本水情一直是夏汛冬枯、北缺南丰，水资源时空分布极不均衡。全国人均、亩均水资源占有量分别仅为世界平均水平的1/4和1/2。形成全国统一大市场和畅通国内大循环，促进南北方协调发展，迫切需要加强水资源跨流域跨区域科学配置，解决水资源空间失衡问题，增强水资源调控能力和供给能力，保障经济社会高质量发展。

加快构建国家水网，是解决生态环境累积欠账、实现绿色发展的必然要求。长期以来，一些地区经济社会用水超过水资源承载能力，导致水质污染、河道断流、湿地萎缩、地下水超采等生态问题。目前，全国仍有3%国控断面地表水水质为Ⅴ类、劣Ⅴ类，全国地下水超采区面积28万km^2，年均超采量158亿m^3。河湖水域空间保护、生态流量水量保障、水质维护改善、生物多样性保护等面临严峻挑战，迫切需要系统谋划水资源优化配置网络，发挥水资源综合效益，既保障经济社会用水需求，又实现"还水于河"，复苏河湖生态环境。

加快构建国家水网，是有效应对水旱灾害风险、更高标准筑牢国家安全屏障的迫切要求。我国水旱灾害频发，大江大河中下游地区易受流域性洪水、强台风等冲击，中西部地区易受强降雨、山洪灾害等威胁，400mm 降水线西侧区域大多干旱缺水、生态脆弱。随着全球气候变化影响加剧，需要加快完善水利基础设施网络，提升洪涝干旱防御工程标准，维护水利设施安全，提高数字化、网络化、智能化管理水平，推动建设高质量、高标准、强韧性的安全水网，保障经济社会安全运行。

未来政府将进一步加大水安全基础投资，加快推进国家水网建设，把握新发展阶段、贯彻新发展理念、构建新发展格局，推动水利高质量发展，为中国式现代化新征程保驾护航。一是建设国家水网总体布局，加快构建国家水网主骨架，畅通国家水网大动脉，同时建设骨干输排水通道。二是完善水资源配置和供水保障体系，实施重大引调水工程建设，完善区域水资源配置体系，推进水源调蓄工程建设。三是完善流域防洪减灾体系，提高河道泄洪能力，增强洪水调蓄能力，确保分蓄洪区分蓄洪功能。四是完善河湖生态系统保护治理体系，加强河湖生态保护治理，加快地下水超采综合治理，推进水源涵养与水土保持。

未来通过党的领导与组织实施，在政策保障与科技的支持下，我国终将形成国家骨干网、省市县水网之间衔接，互联互通、联调联供、协同防控的国家水网"一张网"的格局，现代化高质量水利基础设施网络也将形成。水资源、水生态、水环境、水灾害问题将得到统筹解决，并且能够在更大范围实现水资源空间均衡，充分发挥超大规模水利工程体系的优势和综合效益，在更高水平上保障国家水安全，支撑全面建设社会主义现代化国家。

三、河湖长制推进美丽幸福河湖建设

幸福河湖是河湖管护的最高标准，是能够适应高质量发展要求的安澜通畅、清洁美丽、生态宜居、和谐富足的现代化江河湖泊。全面推行河湖长制，加强河湖管理保护，是以习近平同志为核心的党中央立足解决我国复杂水问题、保障国家水安全，从生态文明建设和经济社会发展全局出发作出的重大决策，是国家治理体系现代化的重大制度创新，为解决河湖保护治理难题提供了根本性、开创性的制度保障。

2016 年 10 月 11 日，习近平总书记主持召开中央全面深化改革领导小组第二十八次会议，会议审议通过了《关于全面推行河长制的意见》。习近平总书记指出："全面推行河长制，目的是贯彻新发展理念，以保护水资源，防治水

污染、改善水环境、修复水生态为主要任务，构建责任明确、协调有序、监管严格、保护有力的河湖管理保护机制，为维护河湖健康生命、实现河湖功能永续利用提供制度保障。"2017 年 11 月 20 日，习近平总书记主持召开十九届中央全面深化改革领导小组第一次会议，审议通过《关于在湖泊实施湖长制的指导意见》。会议强调："在全面推行河长制的基础上，在湖泊实施湖长制，要坚持人与自然和谐共生的基本方略，遵循湖泊的生态功能和特性，严格湖泊水域空间管控，强化湖泊岸线管理保护，加强湖泊水资源保护和水污染防治，开展湖泊生态治理与修复，健全湖泊执法监督机制。"

习近平总书记重要讲话精神，为全面推行河湖长制指明了方向，提供了根本遵循。2016 年 11 月和 2017 年 12 月，中共中央办公厅、国务院办公厅先后联合印发《关于全面推行河长制的意见》和《关于在湖泊实施湖长制的指导意见》，确定了全面推行河长制、湖长制的任务表、路线图，成为我国加强河湖管理保护的纲领性文件。

河湖管理保护是一项复杂的系统工程，涉及上下游、左右岸、不同行政区域和行业。习近平总书记指出："要加强协同联动，强化山水林田湖草等各种生态要素的协同治理，推动上中下游地区的互动协作，增强各项举措的关联性和耦合性。""完善流域管理体系，完善跨区域管理协调机制"。为协调各方力量，在全面落实河湖管理保护属地责任的基础上，国务院建立并调整完善全面推行河湖长制工作部际联席会议制度，国务院领导同志担任召集人，水利部、国家发展和改革委等 18 个部门作为成员单位，由水利部牵头，加强对全国河湖长制工作的统筹协调。长江、黄河、淮河、海河、珠江、松花江辽河、太湖七大流域全面建立省级河湖长联席会议机制，由流域内各省份总河长担任轮值召集人，分别召开联席会议，形成以流域为单元，统筹上下游、左右岸、干支流的协调联动机制。各地建立完善河湖长履职、监督检查、考核问责、正向激励等制度，探索建立上下游左右岸联防联控机制、部门协调联动机制、巡（护）河员制度、民间河长制度，社会共治机制等，凝聚强大工作合力。

几年来，河湖长制组织体系不断完善，形成了党政主导、水利牵头、部门协同、社会共治的河湖管理保护新局面，水域岸线空间管控成效显著，河湖水生态环境持续向好，人民群众的获得感、幸福感、安全感明显提升。实践充分证明，全面推行河湖长制完全符合我国的国情和水情，是河湖保护治理领域根本性、开创性的重大举措，是一项具有强大生命力的重大制度创新。

未来，建设幸福河湖是强化河湖长制的重要着力点。

第三节 水安全技术创新将构建 现代治水新生态

习近平总书记指出："科技是第一生产力，创新是第一动力"。纵观人类发展史，创新始终是推动一个国家、一个民族向前发展的重要力量，也是推动整个人类社会向前发展的重要力量。党的二十大报告强调，高质量发展是全面建设社会主义现代化国家的首要任务。推动水利高质量发展，关键在依靠科技创新转换发展动力，实施创新驱动发展战略，开辟发展新领域新赛道，不断塑造发展新动能新优势。

一、传统技术创新推动治水变革

8-3
水安全治理
技术不断
创新

2020年11月，一个身材浑圆、眼睛硕大、有点萌萌可爱的小家伙来到雅砻江锦屏一级水电站，一头扎进水下200m深处，并完成水下定位、附着物清理、喷墨示踪、激光测距等作业任务。"它就是南科院牵头研发的'禹龙'号潜水器（图8-1），可以搭载两名成员，还可以搭载三维成像、三维激光测距等作业工具，非常适合进行高坝大库的检测等工作。"水利部大坝安全管理中心专家介绍。近年来，像南京水利科学研究院等科研中心持续技术创新，破解了一批事关行业科技进步的"卡脖子"技术难题，为水利行业的发展提供了技术保障。

图8-1 "禹龙"号潜水器

在节水灌溉方面，以滴灌、微灌技术为基础的节水灌溉技术进一步发展，面向采集农业灌溉有关参数，有效分析植物缺水程度，定量化灌溉，有效提高灌溉效率的新型节水灌溉成为未来节水灌溉的发展方向。

在水污染防治方面，曝气增氧仪器向能源绿色化发展。与此同时生物科技的低影响治理水污染也在不断拓展，生物膜技术在河流湖泊的污水治理中将逐渐得到应用推广。生物膜技术是水处理中的一种重要技术，通过各种有微小孔径的膜过滤，将污水变成清水。北京碧水源公司已发展为全球最大、产业链最全的膜技术企业之一，在膜生物反应器技术与膜生产等领域，北京碧水源公司处于国内第一、世界前三的水平。中国生物膜水处理等先进水处理技术将逐步迈向世界前列，这无不彰显着科技强国的自信，它得益于各公司在研发上的大力投入与国家的重视以及相关政策的扶持。人工湿地等生态水利工程作为处理生产生活污水的措施也进一步实施。中水回收、雨水再利用，也将是未来解决水资源短缺的重要途径。

在河湖修复保护方面，将"生态化"嵌入水安全、水景观、水环境、水文化等河湖修复工作中，逐步摒弃了硬质化河湖岸坡的治理模式，以多种新型生态化护岸为主，如生态袋、格宾挡墙、雷诺护垫等。

在保障水库防洪抗旱安全方面，建立科学的数值模型，进行水安全数值模拟，能有效帮助水库运行管理人员模拟水库群联动进行水库调度，保障水安全。

为解决水污染、节水用水、水生态、防洪等水安全治理问题，科技创新很重要，治水技术创新与变革一直推动着水利事业的新发展。改进水安全治理技术，提高水安全治理效率、降低治理费用与能耗仍是今后水安全研究的重要内容。生物、信息、材料、人工智能、绿色环保等科技的快速发展为水安全治理技术革新带来无限可能，未来需要进一步强化水安全治理技术绿色发展思维，坚持技术创新驱动，强化学科交叉融合，从而支撑构建高品质、低碳排的水安全治理新技术。

拓展阅读　　　　鄂前旗农综办科技推广"膜下滴灌"保春播

在敖镇三道泉则村陶伦社的田间地头，处处一派忙碌的景象，这是鄂前旗农综办科技推广"膜下滴灌"的项目区（图8-2），鄂前旗农综办组织村民们在春播前完成管道铺设工程，为粮食作物增产又增收打好基础。

"膜下滴灌"是覆膜种植与滴灌相结合的一种灌水技术，是目前国内外最先进、最成熟的高效节水灌溉技术，这是一种结合了以色列滴灌技术和国内覆膜技术优点的新型节水技术。根据作物生长发育的需要，将水通过滴灌系统一

图 8-2　"膜下滴灌"技术

滴一滴向有限的土壤空间供水，在作物根区进行局部灌溉，水的利用率达 95％，比地面灌溉节水 40％以上，有效利用了水资源。

鄂前旗农综办坚持连片开发、规模实施的原则，围绕统一规划、科学布局、相对集中、种植划一的要求，把落实科技推广措施作为提高农业综合开发项目整体水平的重要举措，重点推广节水灌溉技术。深入基层调查研究，结合土壤条件，种植生产习惯，选择农牧民乐于接受和实用适宜的项目，积极推广膜下滴灌高效节水灌溉技术，转变了农牧民的灌溉方式和浇地观念，提高了农业灌溉用水效率。

为改善当地农民的生产和生活条件，提高农牧民收入，实现农牧民经济的可持续发展奠定了坚实的基础。

二、智慧化水利谱写治水新篇章

随着信息技术的迅速发展和深入应用，全国水利信息化建设进入全方位、多层次的新阶段，已成为水利现代化的基础支撑和重要标志，水利管理信息化建设逐步由数字化、智能化迈向智慧化，各级水利部门积极开展互联、服务整合和智慧应用，实现以水利数字化推动水利建设现代化，实现水利基础信息、水利办公、水利巡查、水利安全管理等多数据共享。

《国家"十四五"规划纲要》明确要求，构建智慧水利体系，以流域为单元提升水情测报和智能调度能力。目前智慧水利建设中信息孤岛严重、缺乏顶层规划、保障体系不健全、缺乏智慧化内涵是其主要问题，为推动智慧水利发展，需要按照"需求牵引、应用至上、数字赋能、提升能力"要求，以数字化、网络化、智能化为主线，以数字化场景、智慧化模拟、精准化决策为路

8-4

智慧水利为
水安全保驾
护航

径，以构建数字孪生流域为核心，全面推进算据、算法、算力建设。水利部《"十四五"期间推进智慧水利建设实施方案》提出要以构建数字孪生流域为核心，加快构建具有预报、预警、预演、预案功能的智慧水利体系，为新阶段水利高质量发展提供有力支撑和强力驱动。

水利智慧化建设能够解决水利信息资源共享的瓶颈问题，推进水利信息化资源的整合共享和开发利用，强化信息化技术与水利业务的深度融合，支持并带动流域核心业务系统的建设。各省市加快水利信息化建设，以"网络安全、态势感知、全面互联、整合共享、智能应用"为重点，开展"水资源·水安全"信息化规划，利用新信息技术手段，依托数字孪生赋能，推动数字水利向智慧水利转变，为智慧城市提供数据共享和决策支持，提升水安全监管能力，已成为解决水安全问题的重要技术支撑与发展方向。

未来，对智慧水利系统进行全方位全生命周期的设计和完善，通过设计不同的系统功能，能简洁、快速、准确地帮助管理人员正确预判水安全风险因素，科学调配水资源，监管水生态，实现水利工程的智慧化运行和管理，充分发挥出水利基础设施的作用，保障水安全，谱写"科学治水新篇章"。

要顺应水利数字化、智能化、智慧化发展趋势，推动大数据、人工智能、5G 等新技术与水利深度融合，推进数字孪生流域、数字孪生水利工程建设，为保障水安全提供智慧化决策与支持。未来为提升水安全保障能力，将加快构建具有预报、预警、预演、预案功能的数字孪生河湖，智慧化模拟和智能业务的应用建设。进一步完善监测监控体系，打造"天、空、地、人"立体化监管网络，及时掌握河湖水量、水质、水生态和水域面积变化情况、岸线开发利用状况、河道采砂管理情况，强化部门间、流域与区域间、区域与区域间信息互联互通。同时，国家将大力建设现代化水利基础设施网络，切实保障网络安全，形成现代化水治理体系和监管体系，推动水利高质量发展。目标到 21 世纪中叶，把我国建成现代化水利强国，水安全保障能力全面提升。

拓展阅读　　　　　　　　　　　　　　　　　　　　**智慧水利**

2022 年第 12 号台风"梅花"影响期间，宁波全市面平均雨量为 291mm，甬江流域面雨量为 343mm。降雨时段集中，甬江流域最大 24 小时 224mm，其中最大 12 小时 187mm，占比 83％。姚江、奉化江水位全面超保证水位。姚江余姚站最高水位 3.67m（超过 50 年一遇设计水位），奉化江北渡站最高水（潮）位 4.46m（超过 20 年一遇设计水位），均创历史新高。依托甬江流域数字孪生平台，流域防洪的联调联控、统一部署、预警预报、调度模拟有了较好的技术支持。在"梅花"台风期间，提前 3 小时预判到了余姚站水位将达 3.7m，及时调整制定调度方案，全力保障余姚城区和姚江、奉化江干流堤防安全，成功抵御了甬江流域超标准大洪水。这正是智慧水利的优势体现。

智慧水利是运用物联网、云计算、大数据等新一代信息通信技术，促进水利规划、工程建设、运行管理和社会服务的智慧化，提升水资源的利用效率和水旱灾害的防御能力，改善水环境和水生态，保障国家水安全和经济社会的可持续发展。如水利工程勘测与管理中用到的无人机测绘与巡查，水利工程建设过程中利用虚拟仿真模拟，通过智能互动如 VR、实时控制、信息采集和数据分析，对各种决策的效果与作用进行分析比较，科学管理整个建设过程，降低工程事故发生概率。智慧水利的技术核心涉及水文学、水动力学、气象学、信息学、水资源管理和行为科学等多个学科方向，新一代水利信息化将成为多学科的信息集成。

第四节　水安全风险防控将化解
治水事业新危机

8-5

水安全风险防控将化解治水事业新危机

党的二十大报告提出，要坚持安全第一、预防为主，建立大安全大应急框架，完善公共安全体系，推动公共安全治理模式向事前预防转型。推进安全生产风险专项整治，加强重点行业、重点领域安全监管。

水安全风险作为国家风险中的重要一环不容忽视。当前和今后一个时期，我国经济发展面临的国际环境和国内条件都在发生深刻而复杂的变化，水安全风险复杂多变，我们应站在统筹发展和安全的战略高度，实现高质量发展和高水平安全的良性互动，有效防范化解各类水安全风险挑战。

一、健全水安全风险防控的法治依据

8-6

水法

据统计，我国已经建立并形成了以《中华人民共和国水法》为核心，包括《中华人民共和国水法》《中华人民共和国防洪法》《中华人民共和国水土保持法》《中华人民共和国水污染防治法》4 部法律、《河道管理条例》《水库大坝安全管理条例》等 20 部行政法规、《水行政处罚实施办法》等 52 部部门规章以及980 余部地方性法规和政府规章的较为完备的水法规体系，内容涵盖水旱灾害防御、水资源管理、水生态保护、河湖管理、执法监督管理等水利工作的各个方面，各类水事活动基本做到有法可依。2020 年 12 月 26 日通过的《中华人民共和国长江保护法》，为加强长江流域生态环境保护和修复，促进资源合理高效利用，保障生态安全，实现人与自然和谐共生、中华民族永续发展，提供了法律保障。这是中国首部流域专门法律，打破了之前长江"九龙治水"的局面，同时对长江生物保护、污水治理、防洪救灾、生态修复等提出了新的要求。2022年10月30日通过的《中华人民共和国黄河保护法》，为加强黄河流域生态环境保护，保障黄河安澜，推进水资源节约集约利用，推动高质量发展，保护传承弘扬黄河文化，实现人与自然和谐共生、中华民族永续发展，提供了法律保障。

党和政府未来将会更加完善水安全建设有关的法律法规，以健全的法律法规制度建设来引领和推动水治理能力现代化进程，同时在水安全立法上也将更加重视全面、协调、绿色、可持续发展。一要按照新时代治水思路的要求，对年代久远的现行水法律法规进行修改完善。二要补充节约用水、河道采砂管理、生态流量管控等方面的水法律法规。三要协调治水思路与其他法律法规的关系。如"节水优先"涉及各行各业，目前相关的法律法规对此没有相关规定，应将节水与节能减排措施协同，将"节水优先"体现在各项法律中。四要统筹兼顾，着手解决管理体制的法律问题。综合考虑水循环的自然规律及我国水安全面临的严峻形势，为确保水安全及其维系的其他各项安全，必须改变"九龙治水"的局面，对水资源进行综合管理；需要将分散管理、各自为政的管理体制改革为整体、综合的管理体制，实施海陆一体化或统筹管理，需要制订水资源统一管理的法律法规。五要强化水行政执法与刑事司法衔接、与检察公益诉讼协作，依法严厉打击涉水违法行为，提升运用法治思维和法治方式解决水问题的能力和水平。

二、提升水安全风险防控的应急管理能力

特殊的自然地理和气候条件决定了我国水旱灾害频发多发，防灾减灾是一项长期任务。深入学习贯彻习近平关于治水的重要论述，要坚持安全第一、预防为主。为加强水安全风险防控，化解水安全风险，保障水安全，达到人与自然和谐共生，未来需不断提升监测预警水平，全面增强应急管理能力。

一是加强水安全风险防控意识，降低水安全风险事故率。水安全风险一旦转化为水安全危机，波及面和影响力都很大。防控的关键是感知风险，通过完善监测预报体系等工程手段和督查暗访等非工程手段，及时、真实、全面地获取信息，洞察、预见风险的发生发展，第一时间采取措施。同时单纯依靠信息化手段是不够的，未来提升人的专业知识水平、对危机的认识度与判断能力、对危机处理的专业性是防控风险的第一要务。目前湖南省高度重视，大力培养

基层水利人才，补充专业的水利技术人员，为未来防控水利风险打下了人才基础。在加强水安全信息公开的同时，提升公众水安全风险防控意识与知识水平，加大公众参与力度，有效防控水安全风险。

二是创新水安全风险防控思路手段，提高水安全风险防控实施水平。未来随着全球变暖现象的持续，极端气候事件及其引发的次生水危机也不容忽视，需建立超前谋划应对气候变化的措施体系，突出风险防控，提升水资源适应气候变化的能力，以超标准干旱、洪水、水库安全和山洪灾害防治等为重点，研究完善干旱、防洪布局和防洪工程体系，围绕提高水资源、水环境、水生态承载能力，按照"确有需要、可以持续、生态安全"的原则，在充分论证分析的基础上，合理确定开发利用方式和程度限度，谋划必要的蓄引提调工程网络，构建和完善以水定需的全国、区域水网格局，实现水资源空间均衡配置。随着数字孪生流域的建设，全面加强流域水安全信息基础设施建设，推进流域水安全保障数字孪生平台和覆盖全流域保护治理主要业务领域的智能化应用和管理体系的建设，做好水安全风险评估，提高预报预警预演预案和智能调度能力，实现数字化场景、智慧化模拟、精准化决策。加强自主创新能力，加快水利实用技术创新，更多运用成熟适用技术，以科技创新助推水利高质量发展，提升水安全风险防控水平。

三是完善水安全风险防控机制，提升水安全风险防控管理水平，包括风险研判机制、决策风险评估机制、风险防控协同机制、风险防控责任机制。防控的基础是落实责任，建立健全隐患排查治理和风险管控应对的责任体系，不仅明确谁来干、干什么，还要明确干好怎么奖、干不好怎么罚，既注入动力，又传导压力，把责任压实。同时建立完整的应急预案，为有效防范和化解水安全风险提供制度保障。未来水安全风险防控的主体不再只有政府，市场主体将进一步占据重要位置，需逐步建立并推广适合我国国情的水旱灾害保险制度，发挥金融工具在防灾减灾中的重要作用，开发水灾害相关保险产品，建立巨灾风险分散机制，提高全社会共担风险的能力。

未来我们将增强忧患意识，树牢底线思维，全面提升防范化解水安全风险的应急管理能力和水平，牢牢守住水安全底线。

作业与思考

1. 守护水安全，我们可以怎样做？
2. 你的家乡是否能达到水生态安全？如果没有，试思考解决的思路。

3. 调研水利相关单位，收集水利相关单位希望智慧水利能帮助解决的问题。

4. 观察你身边的保障水安全的设施或措施，并说一说它们的优缺点及其改进建议。

5. 畅想一下，你所希望的与有水有关的校园环境是什么样子？

参考文献

［1］　习近平. 高举中国特色社会主义伟大旗帜为全面建设社会主义现代化国家而团结奋斗——在中国共产党第二十次全国代表大会上的报告［M］. 北京：人民出版社，2022.

［2］　习近平. 论坚持人与自然和谐共生［M］. 北京：中央文献出版社，2022.

［3］　中国中央宣传部，国家发展和改革委员会. 习近平经济思想学习纲要［M］. 北京：人民出版社、学习出版社，2022.

［4］　中央宣传部，生态环境部. 习近平生态文明思想学习纲要［M］. 北京：人民出版社，2023.

［5］　水利部编写组. 深入学习贯彻习近平关于治水的重要论述［M］. 北京：人民出版社，2023.

［6］　中共水利部党组理论学习中心组. 为建设人与自然和谐共生的现代化贡献力量［J］. 中国水利，2022（11）：1-3.

［7］　李国英. 强化河湖长制建设幸福河湖［J］. 中国水利，2021（23）：1-2.

［8］　李国英. 建设数字孪生流域　推动新阶段水利高质量发展［N］. 学习时报，2022-06-29（1）.

［9］　陈茂山，吴浓娣，廖四辉. 深刻认识当前我国水安全呈现出新老问题相互交织的严峻形势［J］. 水利发展研究，2018，18（9）：2-7.

［10］　陈茂山，张旺，陈博. 节水优先——从观念、意识、措施等各方面都要把节水放在优先位置［J］. 水利发展研究，2018，18（9）：8-16.

［11］　吴强，高龙，李森. 空间均衡——必须树立人口经济与资源环境相均衡的原则［J］. 水利发展研究，2018，18（9）：17-24.

［12］　吴浓娣，吴强，刘定湘. 系统治理——坚持山水林田湖草是一个生命共同体［J］. 河北水利，2019，287（1）：14-18.

［13］　王建平，李发鹏，夏朋. 两手发力——要充分发挥好市场配置资源的作用和更好发挥政府作用［J］. 水利发展研究，2018，18（9）：33-41.

［14］　吴浓娣. 以"节水优先、空间均衡、系统治理、两手发力"治水思路为统领加快推进美丽中国建设［J］. 水利发展研究，2021，21（4）：14-17.

［15］　邱军. 水安全：面临的严峻形势及应对措施［N］. 中国水利报，2015-03-19（5）.

［16］　夏军，左其亭，石卫. 中国水安全与未来［M］. 武汉：湖北科学技术出版社，2019.

［17］　王浩，胡春宏，王建华，等. 我国水安全战略和相关重大政策研究［M］. 北京：科学出

版社. 2019.

[18] 聊聊地球上水的来源［EB/OL］. （2022 - 04 - 02）［2021 - 7 - 8］. https：//astrono-my. nju. edu. cn/twdt/cggs/20220402/i220321. html.

[19] 陈若颖. 地球之水哪里来［J］. 这才是数学（教师篇），2020（9）.

[20] 跃辉. 冰川和自然环境的相互作用［J］. 地理译报，1983（2）.

[21] 王春华. 世界各国的"水"生意经［J］. 水资源研究，2011（4）.

[22] 太湖治理 28 年：蓝藻像癌症，无锡猛吃药［EB/Ol］（2018 - 10 - 18）［2021 - 7 - 8］. 界面新闻，https：//baijiahao. baidu. com/s? id=1613717337661991382&wfr=spider&for=pc.

[23] 水利部关于印发新时代水利精神的通知［EB/OL］. （2019 - 02 - 15）［2022 - 2 - 8］. http：//www. mwr. gov. cn/zw/tzgg/tzgs/201902/t20190215 _ 1107987. html.

[24] 王西琴，吴若然，李兆捷，等. 我国农业用水安全的分区及发展对策［J］. 中国生态农业学报，2016，24（10）：1428 - 1434.

[25] 陈至立. 科学合理规划　助湖泊实现生态自我修复［EB/OL］. （2009 - 11 - 02）［2021 - 7 - 8］. 中国新闻网，https：//www. chinanews. com/gn/news/2009/11 - 02/1942413. shtml.

[26] 陆娅楠. 着力推进重点领域污水资源化利用变废为宝，开发"第二水资源"［N］. 人民日报，2021 - 01 - 18（2）.

[27] 汪安南. "十四五"国家水安全保障规划思路的几点思考［J］. 中国水利，2020（17）.

[28] 谷树忠. 系统把握和有效实施"十四五"水安全保障规划［J］. 中国水利，2022，No. 935（05）：8 - 9，15.

[29] "十四五"水安全保障规划印发实施［EB/OL］. ［2022 - 01 - 12］. http：//www. gov. cn/xinwen/2022 - 01/12/content _ 5667722. htm.

[30] 杨开忠，等. 城市蓝皮书：中国城市发展报告 No. 14［M］. 北京：社会科学文献出版社，2021.

[31] 生态环境部. 专家解读 ｜ 我国生物多样性保护公众参与：现状及建议［EB/OL］. （2021 - 10 - 27）［2022 - 3 - 7］ https：//baijiahao. baidu. com/s? id=1714764569668597798&wfr=spider&for=pc.

[32] 《长江保护法》要点解读十一：生态用水与生态流量管控［EB/OL］. （2021 - 11 - 25）［2022 - 05 - 22］ http：//www. yueyang. gov. cn/fgw/8739/8761/24121/64657/content _ 1889696. html.

[33] 专家解读 ｜ 加快生物多样性法治建设，全面提升生物多样性治理效能［EB/OL］. （2021 - 10 - 25）［2022 - 05 - 22］. https：//www. mee. gov. cn/zcwj/zcjd/202110/t20211025 _ 957628. shtml.

[34] 水利部关于做好河湖生态流量确定和保障工作的指导意见［J］. 中国水利，2020，897（15）：1 - 2.

[35] 新华社. 黄河实现连续 20 年不断流［EB/OL］. （2019 - 08 - 12）［2022 - 05 - 22］ http：//www. gov. cn/xinwen/2019 - 08/12/content _ 5420765. htm.

[36] 生态环境部. 长江攻坚战行动方案·专家解读⑨ ｜ 实施好长江十年禁渔　深入打好长江保护修复攻坚战［EB/OL］. （2022 - 11 - 07）［2024 - 04 - 7］ https：//baijiahao. baidu. com/s? id=1748831470061564547&wfr=spider&for=pc.

[37] 畅明琦，刘俊萍. 水资源安全基本概念与研究进展［J］. 中国安全科学学报，2008（8）：12 - 19.

[38] 李原园，李云玲，何君. 新发展阶段中国水资源安全保障战略对策［J］. 水利学报，2021（52）.

[39] 刘录三，黄国鲜，王璠，等. 长江流域水生态环境安全主要问题、形势与对策［J］. 环境科学研究，2020，33（5）：1081-1090.

[40] 曾恩钰，陈永泰. 空间溢出视角下的城市水环境影响因素研究——以太湖流域城市为例［J］. 长江流域资源与环境，2022，31（6）：1312-1323.

[41] 孙杰. 干旱区流域水文过程分析及水资源管理［D］. 北京：华北电力大学，2019.

[42] World Health Organization. Key Facts from JMP 2015 report［R］. Geneva：WHO. 2015.

[43] 董聪聪. 北京市城市居民生活用水行为特征模拟与引导策略研究［D］. 北京：中国地质大学，2020.

[44] 张修宇，秦天，杨淇翔，等. 黄河下游引黄灌区水安全评价方法及应用［J/OL］. 灌溉排水学报，2020（9）.

[45] 孙杰. 城市水文水动力耦合模型及其应用研究［D］. 北京：中国水利水电科学研究院，2019.

[46] 张乃明. 引用水源地污染控制与水质保护［M］. 北京：化学工业出版社，2018.

[47] 高志娟，刘昭，王飞. 水资源承载力与可持续发展研究［M］. 西安：西安交通大学出版社，2017.

[48] 温季，郭树龙，周超峰，等. 中国现代农业科技示范区水资源承载力及高效利用关键技术［M］. 西安：西安交通大学出版社，2017.

[49] 朱党生，等. 河流开发与流域生态安全［M］. 北京：中国水利水电出版社，2012.

[50] 种潇. 三峡库区饮用水源地水环境安全评判体系的研究——以和尚山饮用水源地为例［D］. 北京：华北电力大学，2017.

[51] 谢彪，徐桂珍. 水生态文明建设导论［M］. 北京：中国水利水电出版社，2019.

[52] 张艳军，李怀恩. 水资源保护［M］. 2版. 北京：中国水利水电出版社，2018.

[53] 高庭耀，顾国维，周琪. 水资水污染控制工程［M］. 北京：高等教育出版社，2015.

[54] 张沛. 塔里木河流域社会-生态-水资源系统耦合研究［D］. 北京：中国水利水电科学研究院，2019.

[55] The United Nations World Water Development Report 2019——Leaving no one behind. 2019年联合国世界水资源发展报告［R］. 2019.

[56] 杨泽凡. 基于水流过程的河沼系统生态需水与调控措施研究［D］. 北京：中国水利水电科学研究院，2019.

[57] 姜大川. 气候变化下流域水资源承载力理论与方法研究［D］. 北京：中国水利水电科学研究院，2018.

[58] 陈姚. 襄阳城市水安全评价及其生态修复策略研究［D］. 武汉：华中科技大学，2020.

[59] 曾祥裕，刘嘉伟. 可持续发展与非传统安全——印度水安全与能源安全研究［M］. 北京：时势出版社，2017.

[60] 贾绍凤，刘俊. 大国水情：中国水问题报告［M］. 北京：华中科技大学出版社. 2014.

[61] 王浩. 水与发展蓝皮书——中国水风险评估报告［M］. 北京：社会科学文献出版社，2013.

[62] 陈鸿起. 水安全及防汛减灾安全保障体系研究［D］. 西安：西安理工大学，2007.

[63] 李志斐. 水与中国周边关系［M］. 北京：时势出版社. 2015.

[64] 陈萌山. 把加快发展节水农业作为建设现代农业的重大战略举措［J］. 农业经济问题，2011，32（2）：4-7.

[65] 湖南省发展和改革委员会. 国家节水行动湖南省实施方案［EB/OL］.（2019-12-25）［2021-07-22］. http：//fgw. hunan. gov. cn/xxgk ＿ 70899/gzdtf/gzdt/201912/

t20191225 _ 11009169. html.

[66] 确保农村居民长期稳定喝上"安全水""放心水"——水利部有关负责人谈农村饮水安全 [EB/OL]. (2020 - 08 - 21) [2020 - 08 - 21]. https：//www. gov. cn/xinwen/2020 - 08/21/ content _ 5536499. htm.

[67] 程晓陶. 新中国防洪体系建设 70 年 [J]. 中国减灾，2019 (19)：24 - 27.

[68] 王小林，马北福. 浅谈我国防洪安全保障体系的建设 [J]. 水利科技与经济，2010，16 (1)：84 - 85.

[69] 中国工程院"21 世纪中国可持续发展水资源战略研究"项目组. 中国可持续发展水资源 战略研究综合报告 [J]. 中国工程科学，2000 (8)：1 - 17.

[70] 黄锦辉，赵蓉，史晓新，等. 河湖水系生态保护与修复对策 [J]. 水利规划与设计，2018 (4)：1 - 4，107.

[71] 彭贤则，夏懿，刘婷，等. "河长制"下的水环境修复与治理 [J]. 湖北师范大学学报 (哲学社会科学版)，2018，38 (1)：81 - 83.

[72] 黄真理. 三峡工程中的生物多样性保护 [J]. 生物多样性. 2001 (4)：472 - 481.

[73] 王浩，褚俊英. 和衷共济 奋力前行——水污染防控 40 年脉络与展望 [J]. 环境保护，2013，41 (14)：32 - 34.

[74] 张凯松，周启星，孙铁珩. 城镇生活污水处理技术研究进展 [J]. 世界科技研究与发展，2003 (5)：5 - 10.

[75] 聂会兰，顾宝群，张贵良. 新农村建设中生活污水处理对策 [J]. 河北工程技术高等专科学校学报，2010 (2)：1 - 4.

[76] 尹明万，谢新民，王浩，等. 基于生活、生产和生态环境用水的水资源配置模型 [J]. 水利水电科技进展，2004 (2)：5 - 8，69.

[77] 史婧力. 责任与方法是安全水运的重要保障——访全国政协委员、交通运输部安全总监 成平 [J]. 中国船检，2017 (3)：44 - 45.

[78] 石长伟，马雪妍，晁代文，等. 渭河临渭区段河道采沙堆沙对行洪蓄洪的影响 [J]. 人民黄河，2012，34 (12)：20 - 21，77.

[79] 石珊珊，陈晓磊，李卢祎. 水利部新闻发布会聚焦推进"两手发力"助力水利高质量发展 [N]. 中国水利报，2022 - 06 - 18 (2).

[80] 姜薇. 水环境监测存在的问题及对策分析 [J]. 资源节约与环保，2022，(8)：33 - 36.

[81] 霍守亮，张含笑，金小伟，等. 我国水生态环境安全保障对策研究. 中国工程科学，2022，24 (5)：1 - 7.

[82] 吴志强，刘晓畅，刘琦，等. 基于水资源约束的我国城市发展策略研究 [J]. 中国工程科学，2022，24 (5)：75 - 88.

[83] 贾玲，任晓萍. 新时期关于农村水环境污染的现状及防控措施探究 [J]. 农业技术与装备，2019 (10)：74 - 75.

[84] 童坤，孙伟，王小军. 基于水环境承载能力与压力的产业布局引导研究——以长江干流 39 个城市为例 [J]. 人民长江，2021，52 (7)：54 - 59.

[85] 秦昌波，李新，容冰，等. 我国水环境安全形势与战略对策研究 [J]. 环境保护，2019，47 (8)：20 - 23.

[86] 符志友，张衍燊，冯承莲，等. 我国水环境风险管理进展、问题与战略对策研究 [J]. 环境科学研究：1 - 12.

[87] 生态环境部. 2021 年全国生态环境状况公报 [EB/OL]. (2020 - 08 - 21) [2021 - 07 - 22]. http：//www. gov. cn/xinwen/2022 - 05/28/content _ 5692799. htm.

［88］ 陈叶青，吕林梅，汪剑辉，等. 爆炸冲击荷载下的大坝抗爆性能及防护研究进展［J］. 防护工程，2021，43（2）：1-8.

［89］ 熊平生，刘亮，郝丽婷. 洞庭湖区洪涝灾害成因及其孕灾环境的变化研究［J］. 2021，27（3）：141-143.

［90］ 张秀丽. 国家水安全战略目标下水电站大坝安全管理的启示［J］. 大坝与安全，2021（6）：001-005.

［91］ 李红艳. 跨流域调水工程突发事件及诱因分析［J］. 工业安全与环保，2017，43（2）：052-054.

［92］ 谭界雄，任翔，李麒，等. 论新时代水库大坝安全［J］. 人民长江，2021，52（5）：149-153.

［93］ 崔伟，陈建平，王一平. 水利工程管理中的信息化技术应用分析［J］. 东北水利水电，2022（10）：59-61.

［94］ 吕伟，居云. 信息化技术在水利工程建设管理中的应用［J］. 长江信息通信，2022，238（10）：116-118.

［95］ SL 252—2017　水利水电工程等级划分及洪水标准［S］.

［96］ GB 50286—2013　堤防工程设计规范［S］.

［97］ 曾峰. 我国水利信息化建设研究［D］. 长春：吉林大学，2009.

［98］ 赵志超. 水利信息化的主要内容与技术发展［J］. 智慧建造与设计，2020（1）：54-55.

［99］ 周英. 2007中国水利发展报告［M］. 北京：中国水利水电出版社，2007.

［100］ 李琳. 水利信息化网络安全防护体系浅议［J］. 互联网周刊，2022（4）：53-55.

［101］ 王文佳. 我国水利信息化研究热点分析与趋势展望［J］. 水利信息化，2022（3）：1-9.

［102］ 左丽. 智慧治水背景下水环境治理"双效"协同模式研究［D］. 杭州：杭州电子科技大学，2021.

［103］ 纪碧华，刘增贤，李琛，等. 面向长三角一体化的太湖流域智能水网建设构想［J］. 水利水电快报，2021，42（9）：85-90.

［104］ 袁轲，康琛. 湖南"水资源·水安全"信息化规划及建设实践［J］. 水利信息化，2020（1）：6-9，14.

［105］ 张晔. 护江河、守堤坝，这些科技成果为水安全保驾护航［N］. 科技日报，2021-07-07（5）.

［106］ 王志伟，戴若彬，张星冉，等. 膜法污水处理技术研究应用动态与未来可持续发展思考［J］. 土木与环境工程学报（中英文），2022，44（3）：86-103.

［107］ 张宾宾. 公民水素养基准的制定研究［D］. 保定：华北电力大学，2020.

［108］ 司太生. 建立重大风险隐患"三全"防治机制　筑牢长江上游水上交通安全屏障［J］. 中国水运，2022（8）：10-12.

［109］ 樊霖，李佼. 重大水安全风险防控对策研究［J］. 水利发改，2021，21（5）：29-32.

［110］ 张强. 我国水治理现状分析、规律认识及对策建议［J］. 国家治理，2021，No. 349（37）：11-16.

［111］ 贾绍凤. 中国水治理的现状、问题和建议［J］. 中国经济报告，2018，108（10）：54-57.

［112］ 王亚华. 中国水治理体系的战略思考［J］. 水利发展研究，2020，20（10）：10-14.

［113］ 国务院发展研究中心，世界银行"中国水治理研究"项目组. 中国水治理研究［M］. 北京：中国发展出版社. 2019.

［114］ 水利部. 水利部党组理论学习中心组举办学习贯彻党的二十大精神专题读书班［EB/

OL]. (2021-11-14) [2023-02-09]. http：//gjkj. mwr. gov. cn/ldjh/202211/ t20221114 _ 1604307. html.

[115] 熊光清，蔡正道. 中国国家治理体系和治理能力现代化的内涵及目的——从现代化进程角度的考察 [J]. 学习与探索，2022，325 (8)：55-66.

[116] 水利部办公厅第一党小组. 践行总基调必须注重防范化解水安全风险 [N]. 中国水利报，2020-08-08 (3).

[117] 汪安南. 坚定不移贯彻落实"十六字"治水思路　全面提升黄河流域水安全保障能力 [J]. 水利发展研究，2022，22 (6)：1-5.

[118] 水利部印发关于推进智慧水利建设的指导意见和实施方案 [J]. 水利建设与管理，2022，42 (1)：5.

[119] 李肇桀，张旺，王亦宁. 2035年水利现代化远景目标展望 [J]. 水利发展研究，2021，21 (1)：19-22.

[120] 左其亭，纪义虎，马军霞，等. 人与自然和谐共生的水利现代化建设体系及实施路线图 [J]. 人民黄河，2021，43 (6)：1-5.

[121] 康戍英，廖金源. 江西省水利现代化实践与发展方向 [J]. 水利发展研究，2023，23 (2)：51-54.

[122] 光明日报. 加快构建国家水网全面提升国家水安全保障能力 [EB/OL]. [2023-05-07] https：//www. gov. cn/zhengce/202305/content _ 6883366. htm.

[123] 张旺. 深刻认识和把握江河战略 [J]. 水利发展研究：1-8，203，6.

[124] 张欣. 激活科技创新动力源打造高质量发展新引擎 [J]. 奋斗，2023，(11)：14-16.

[125] 李国英. 为以中国式现代化全面推进中华民族伟大复兴提供有力的水安全保障 [N]. 人民日报，2023-07-26 (11).

[126] 王国安. 淮河"75·8"洪水垮坝的主要原因分析及经验教训 [J]. 科技导报，2006 (7)：72-77.

[127] 这里，是共和国的摇篮 [EB/OL]. [2021-06-26]. https：//m. thepaper. cn/baijia-hao _ 13319130.

[128] 梁家河，初心从这里出发 [EB/OL]. [2021-06-26]. https：//news. 12371. cn/ 2018/07/08/ARTI1531022043878388. shtml.